由国庆

著

四方食事

不过一碗人间烟火

中国文史出版社

图书在版编目（CIP）数据

四方食事，不过一碗人间烟火 / 由国庆著．—北京：中国文史出版社，2023.8
ISBN 978-7-5205-4206-7

Ⅰ．①四… Ⅱ．①由… Ⅲ．①饮食－文化－天津 Ⅳ．①TS971.202.21

中国国家版本馆CIP数据核字（2023）第137821号

责任编辑：金　硕

出版发行：中国文史出版社

地　　址：北京市海淀区西八里庄路69号　　邮编：100142
电　　话：010－81136606 / 6602 / 6603 / 6642（发行部）
传　　真：010－81136655
印　　装：廊坊市海涛印刷有限公司
经　　销：全国新华书店
开　　本：787mm×1092mm　1/16
印　　张：22
字　　数：280千字
版　　次：2024年1月北京第1版
印　　次：2024年1月第1次印刷
定　　价：96.00元

代序

烹调最说天津好

来新夏

　　天津是我国三大城市之一，它作为市区聚落的最早名称"直沽寨"始见于《金史》。及至明清，天津经过一定时期的发展而成为一个具有完整意义的城市。清朝初年，天津又有进一步发展，如康熙时即被人赞誉为"万商辐辏之盛，亘古未有"（《皇朝经世文编》卷四十八）。城北、城东一带出现了河北大街、北大关、锅店街、宫南北大街等商业密集区。道光年间，在一些经营海运、盐业和粮业的商人中逐渐涌现出一批富商巨贾，他们的代表者在老天津俗称"八大家"。这些人是商业中的活跃力量。

　　商业的繁荣与商人的活跃自然地对消费行业产生巨大的推动力量。作为人们主要消费内容的饮食行业的发展表现得更为明显。尤其是天津的海鲜果品丰富，更为饮食行业的发展提供了物质条件。

　　天津饮食行业的创始年代已难详考，但清初以来日趋兴旺则是可以肯定的。据说为庆祝康熙登基而出现了居天津"八大成"之首的聚庆成饭庄。随后，由于管理税收的钞关和管理盐政的"御史署""运使署"先后从河西务、北京、沧州迁入天津，聚和成等饭庄也相继开设。加之乾隆多次下江南途经天津，使天津的政治、经济地位陡然提高。官商往来，冠盖云集，使各地风味与宫廷格调萃于一地。厨师及相关从业人员由于服务于达官显宦以至皇帝而受到殊遇，因而饮食行业引人注目，许多诗人墨客多以饮食入诗文。

19世纪60年代以后几十年中，天津社会的变化频繁显著，如帝国主义势力相继从各方面侵入，新兴资产阶级和买办阶级兴起，辛亥革命后清室遗老和民国军阀政客麋集，天津成为各色人等活跃的舞台。为了适应形形色色"美食家"的口味而势必出现各种餐馆。据统计，民国初年，天津的著名饭馆有76家，如在华界的五芳斋、天一坊、聚和成、大陆春、慧罗春等；在法租界的天瑞居、美丽、致美斋、正兴楼等；在日租界的山泉涌、明湖春、华兴楼等。

天津由于是华洋杂处的滨海城市，而并存着各具特色的饭馆。它不仅有融合各地风味而形成的"津菜"，也有粤菜、鲁菜、川菜、苏菜等饭馆，还有西餐馆与日餐馆多处。其中津菜馆的档次比较全：有大型的"鸭子馆"，最著名的是"八大成"。它们都聚集在侯家后一带。其次是所谓"二荤馆"中的中型饭庄，著名的有慧罗春、天一坊等，它们经营脍炙人口的天津"八大碗、四大扒"，供民间宴会待客之需。"八大碗"有粗细之分，一般用鱼、肉、鸡等做菜，量大实惠，价廉物美（1931年前后，细八大碗一桌不到两元钱），所以很受中产小康之家欢迎。后来有些上层人物也想品尝，于是改用鱼翅、干贝当原料而称高级八大碗。"四扒"基本上是整件四样，如扒鸡、扒鸭、扒肘子、扒海参（种类尚多，可自选四样）等。"八大碗、四大扒"，由于地方风味足、适应面广、用料方便而拥有大量顾客，口碑相传，渐渐被人认为它便是津菜代表，实际上是误解，津菜并非只此而已。

在鸭子馆和二荤馆等汉民馆之外，还有为数不少的回民馆。它分羊肉馆、牛肉馆和包子铺（饺子铺）等三类。到20世纪20年代时已相当兴盛，如包子铺、饺子铺达60多户，牛肉馆有40多户，羊肉馆著名的有庆兴楼、鸿宾楼、会芳楼等十二家，时称"十二楼"。它们除牛羊肉外，以海鲜为主要菜品。

除汉民馆、回民馆外，还有一种所谓"酒席处"。它与饭馆的经营性质毫无二致，只是基本上不卖门市客座而专承办婚丧喜庆的包桌酒席。它属于二荤馆的层次。主要菜品是荤素八大碗。荤八大碗有元宝肉、熘南北（南笋北蘑）、熘鱼片、炒虾仁、清蒸羊肉条、全家福、拆烩鸡、烩肉丝。素八大碗有笃面筋、素杂烩、烩素锦、烩鲜蘑、炸鹅脖等，冬日还备有什锦火锅。顾客事先预订包桌，届时送货到门，十分方便实用。如临时有需，也可立刻单炒几个菜供应。

津菜的烹调特色在"海鲜"，因为天津一年四季都有不同海鲜上市，市民也多嗜食，所以天津里巷市井有"吃鱼吃虾，天津为家"和"当当吃海货，不算不会过"等俚语，尤其海鲜是汉民馆、回民馆都能用的原料。元明以来许多诗人多以天津"海鲜"入诗而赞誉备至。如明宋讷的《直沽舟中》诗也说："夕阳野饭烹鱼釜，秋水蒲帆卖蟹船。"（《沽河杂咏》注，见《梓里联珠集》）清乾隆初年诗人汪沆有诗句说："二月河豚十月蟹，两般亦合住津门。"（《津门杂事诗》，见《梓里联珠集》）嘉道时诗人蒋诗的《沽河杂咏》中有一首诗说："巨罗网得正春三，煮好藤香（鱼名）酒半酣。巨细况盈三十种，已教鱼味胜江南。"（《梓里联珠集》）道光时的樊彬更填词赞称："津门好，珍品重华筵。鳇骨鲨皮夸海错，蟹奴（即子蟹）蚬子货冰鲜，狍鹿馈新年。"（《津门小令》，见《梓里联珠集》）从这些诗句看，"海鲜"已是津菜的主要食材。

津菜中的名肴"通天鱼翅""鸡茸燕菜""煎烹大虾""酸沙紫蟹""朱砂银鱼""曾蹦鲤鱼"等上百种名色无一不与"海鲜"有关，无怪纪昀在为《沽河杂咏》诗集作序时感到"如坐鱼庄蟹舍之间"。

天津的饮食除了正式开店待客、进府供办的大行业饭庄外，还有遍布城乡内外的小店铺和出摊挑担经营的小吃，既有特色，又有风味。如南门外鱼市大街的"杜称奇"烙各馅油酥火烧，皮酥馅优，多日不硬，此字号至今犹设在食品街。"狗不理"包子、"耳朵眼"炸糕和"十八街"麻花都有店面营业。推车销售的有大铜壶茶汤、糯米面盆糕等。挑担的有喇嘛糕、炸臭豆腐干、煎焖子等。提篮穿巷的有蜂糕、羊头肉、硬面饽饽等，名色众多，难以枚举。这些小吃在丰富生活、方便群众方面都得到赞誉。

序

父亲笔下的烟火人间

由迪

　　父亲即将又出新书，他诚恳希望我写篇序言。孩子为父亲作品写序的例子尚不算多见，我自然诚惶诚恐，父亲说文事生活也要与时俱进，但写无妨，加之父命难违，那我就说说所思所想。

　　谈及父亲，我想他是个孝顺的儿子，有担当的丈夫，有责任感的父亲，大抵是因为日常更多地处在生活场景中，所以我总难把他和"民俗学者"或"专栏作家"等等"头衔"联系到一起，直到他说让我作序，我才第一次认认真真地"审视"起这位学者和他钟爱的民俗文化、老广告文化事业。

　　我爱逛书店，受家庭影响，我总爱翻翻社会史学、民俗学等方面的书，当我询问起，店员往往不知所云，我经常需要费时才能在偏僻一隅寻到踪迹。文史研究、民俗研究是耗时耗力的苦差事，也是门相对小众的行当，本职工作以计算收益率为核心思路的我，时常"埋汰"父亲说"咱这投资回报率也太低了"，可他依然不改其乐，几乎天天埋在厚厚的故纸堆里查史料、细揣摩，大到引经据典，小到"的地得"字斟句酌，他对文章不断精进的追求到了近乎执拗的地步。

如果要我来描绘父亲的形象，从我记事起，印象最深的便是昏黄的台灯映着的"爬格子"的背影。诚然，少时的我不甚理解他的选择，年岁渐长似乎才逐渐读懂父亲。他的坚守大致来自对广大"粉丝"读者的一份责任，对民俗文化事业的一种热爱，其实更是对历史的尊重与对文化的传承。正是"老黄牛"一般的热忱、坚持才能让乍看起来貌似普普通通、家长里短的文字增添了不一样的温度，让褪色的往事焕发出了新的光彩。我想，他做到了。

汪曾祺先生曾说，四方食事，不过一碗人间烟火。一日三餐当然是民俗文化的重要组成部分，特别是天津，她依河傍海，昔日是北方的鱼米之乡，各类物产十分丰富，"吃尽穿绝天津卫"一说久传南北。都说"卫嘴子"好吃、讲究吃，若要读懂天津卫，研读这座城市食风、食事、食趣是不可或缺的一环。

在历史形成的码头文化、租界文化影响下，天津社会的包容性、吸纳性强，上至中西交融的饕餮大席，下至平素的市井小食，这里是荟萃各路美食，充满奇趣逸闻的好地方。离乡漂泊的日子里，我颇为怀念天津卫的早点，除了如今"网红"让大家耳熟能详的煎饼馃子、老豆腐、锅巴菜之外，还有不少颇具地方特色的好吃的美食。比如金黄酥脆的热卷圈、热炸糕，比如芝麻盐与芝麻酱香的面茶，还有那糖果子、蒸饼、蜜麻花等，每一样细掰起来，都回味绵长。

作者，不，我的父亲，通过生动有趣的描绘，将天津美食的色、香、味，还有掌故、民风、民情等，通过纸面传递给大家，让读者也仿佛身临老天津的街头巷尾。父亲让我看了这本书中的大部分稿件，我也算先睹为快吧。我更喜欢那些市井风味，诸如他对捞面、包子、饺子等家常便饭的描绘真是由表入里，深入浅出，透过寻常吃食来追忆老天津的奇闻逸事，将美食文化与地域文化相结合，那些尘封的津沽旧影便显得栩栩如生起来。

我常开玩笑说，走遍千山万水还是父亲做的饭最香，或许此书正是由大厨的"葵花宝典"，把对食文化的挖掘，融入灶台前的温暖时光里，在烟火生活的滋味中品读津味韵闻。

这本书以民俗美食为切入点，品历史百味，观文化长河，我读罢不仅馋涎欲滴，也更体悟到了民俗文化所深藏的韵味。不知翻开书页的您身在何处，在什么样的场景中与这本书相遇，书中的文字、心绪若与您能有一瞬的共振，那也许是作者的幸事吧。

2023年5月8日于北京

目 录
CONTENTS

第一辑
津味早餐花样多

"浆"心独具

大饼、馃子、浆子是天津市民早点的经典配搭，"浆子"即豆浆，这俗称在天津民间流传已久。津味浆子以浓香著称，远近闻名。相声大师侯宝林20世纪40年代初在津演出、走红，也喜欢吃小吃，他曾夸这里的豆浆"那叫醇，就跟天津人一样，厚道！"

清末街头卖稀食的摊子

老年间，卖浆子的豆腐房遍布天津街头里巷，且有大小之分。小豆腐房面积不大，进门就几张桌子，磨也在旁边，倒是让人心明眼亮——好黄豆，现磨、现熬的浆子。说到豆子，天津豆腐房常用东北的或北河（位于今河北省定兴县）的圆豆（黄豆的一种，粒圆），特点是磨出浆子来色白，油性大，且出浆率高、营养价值高。小豆腐房较少自制烧饼、馃子之类的配套吃食，所以在小店附近常有馃子铺、烧饼或大饼摊，为豆腐房送货。那么对于顾客来说呢，就近自己买来进店再喝浆子也方便。

大豆腐房就不一样了，除了磨浆子、做老豆腐，往往有自己的炸馃子摊、烙饼摊。待早餐时段一过，还卖卤水豆腐、鲜豆皮儿，乃至支油锅炸豆腐、加工辣豆腐。一天下来会产生不少豆腐渣，会有专人到大豆腐房来收，可当饲料。街坊四邻也可能讨要一点儿，掺玉米面里增加暄软度蒸窝头吃。笔者小时候离家不远就有一家豆腐房，我常到磨房里玩，爱看往下滤浆子，也找人家要过温热的豆渣吃。

为什么叫豆腐房，而不说浆子铺呢？老天津人只习惯吃早点时喝浆子，卖浆子多仅限清早时段，一天下来大部分时间是要做豆腐、卖豆腐的，从时长与销量层面来说，浆子可谓一种附属。"配角"并非稀松事，豆腐房必有一个十字吊架，四角吊着细目纱布，兜着一大兜磨好的粗豆汁豆碎。吊架吱扭吱扭地摇，豆浆从兜底慢慢滴入下面的大锅里或浆桶里，煮沸，撇去浮沫，再用文

豆腐房正在滤出豆浆

火慢慢熬，待豆腥气消失，豆香便飘散开来，"卫嘴子"的一天就从一碗浓豆浆开始了。

天津人喝浆子一定要喝用大铁锅熬出来的热浆子，俗称"吸溜着喝"。初尝一口，舌尖感觉稍微有点儿清苦，甚至小有糊锅味（稠浆慢熬过程中锅底自然微糊），随即舌根、齿颊回甘，香气十足。有意思的是，天津人喝浆子素来喜欢加细盐（旧称二盐），觉得这样更香，不像国内大部分地区的食俗要加白糖。缘何？津地本为大码头，加之后来开埠通商，干体力活的多，街上跑买卖者众，这类人群出汗多，吃起饭来一要补充盐分，二要顶饱搪时候，三还得快捷，因此有了油盐大饼、锅巴菜（旧称嘎巴菜，饭菜合一）、煎饼馃子等。吃饭口儿重，也与津沽盐业发达有关联。

浆子加盐也许还另有原因。过去日子穷，人们早晨起来带着一块凉饽饽或剩大饼，到豆腐房花两分钱买碗滚沸的浆子，撒点儿盐，干粮掰碎往浆子里一泡，滋味恰到好处，还能"下饭"。有的早点铺还有免费的疙瘩头小咸菜可吃，假如再有半包五香大果仁就着，那真算得上是一大幸福滋味了。豆腐房、早点铺里桌面上一个筷子笼、一个二盐碗是必备，此俗流传至今。

说津味浆子浓，尤其体现在热浆子稍凉后在浆面起的一层油皮（与腐竹同理）上，民间俗称浆子皮儿、豆（腐）皮儿，滋味极香醇。一碗顶烫的浆子端上来片刻，看浆面是否起皮儿，是津人衡量它浓不浓、好不好的重要标准，有些人下嘴喝浆子前爱迫不及待地拿筷子挑起油皮儿先送进嘴。几年前笔者在河北胜芳的小胡同里寻到一间老旧的豆腐房，见里里外外仍是几十年前的样子，大灶台上、铁锅边上存留着一层层油乎乎的锅嘎巴和温热黄润的浆皮儿残迹。当时，一锅浆子虽早已售罄，但小屋里仍弥漫着醇厚的豆香味。

　　浆子皮儿"精华"还催生了昔日的一种大致是天津卫独有的吃法——刚出锅的鲜豆皮儿卷热馃子或馃箅儿。多数豆腐房是做豆皮儿的，往往需要一名专门的伙计，他坐在大灶与浆子锅旁边，一手拿着蒲扇慢慢扇浆子，待浆子浮头稍凉结了一层皮儿，就用木棍把皮儿挑起，然后挂在横杆上。浆子浓度不够是做不出豆皮儿的，当然也不会出太多，想吃就得看机缘了。用它卷着金黄酥脆的棒槌馃子、馃箅儿吃，滋味之绝似乎只能用"香上加香"来形容了。于昭熙在《津门传统食品小志》中说，"豆腐店也同时出售豆腐皮儿，用以卷脆馃箅儿，很好吃"。网民"默默低头"回味："最怀念老豆腐房里的新鲜豆皮卷馃子。"此为天津市民讲究的吃法之一。

豆浆俗情

　　浆子与馃子搭配可谓津人早餐桌上最经典、最完美的组合，在许多"卫嘴子"的食谱里二者难舍难分，似乎这样才对味。众所周知，馃子比较油，如"小荤"，若单吃，也许几口后嘴里就油腻了，而与浆子相伴而食，浆子的清素、醇香恰好解腻、增味，堪称完美平衡，这两个字何尝不是中国美食的高妙之处呢。再说喝浆子食俗，比如热脆馃子掰开几段泡在浆子里，或用馃子蘸着浆子吃，或边喝浆子边就馃子吃，您细品这几种吃法，口感还真小有差别。

　　讲究吃法不仅有鲜豆皮儿卷馃子，还有"豆腐浆"的吃法。过去豆腐房卖浆子，也卖豆腐浆，即浆子里加嫩豆腐（可做豆腐脑），二者比例大致各半，豆浆味厚，豆腐滑嫩，吃起来别有一番风味。豆腐浆也简称"豆腐"，或俗称"白豆腐"，因为民间也有

老店铺里一碗老味道的
豆浆最暖人

把浆子称为"白浆"一说。吃主儿进豆腐房一喊"来碗大碗儿白"，伙计没有不明白的。啥意思？大碗的浆子加白豆腐，这吃法更需来点儿盐面儿才香。

顺便一说，天津卖浆子、老豆腐、锅巴菜、面茶的一般都分大小碗，顾客根据食量消费自便。言及大小碗，昔日民间喝浆子还有"小碗浆子大碗盛"趣俗，但凡这样的吃主儿多半是豆腐房的老邻居、老主顾，怕用小碗盛浆子吃亏，所以用大碗来盛小碗那些量，不用说，准比用小碗盛得多。精明不精明？还有的熟客把一小碗浆子端来，泡上干粮，先猛喝下去多半碗，眼见浆子没啥了，可吃食还堆在碗底呢，于是到锅前让伙计再给添点儿浆子，如此相当于小碗增量变大碗了。毕竟是老熟人吃主儿，毕竟是往浆子里多加少加一舀子水的事，睁一眼闭一眼让人家高兴就好。

还值得一提的是滚沸的浆子冲鸡蛋、往里飞鸡蛋的吃法。瞧，二伯进了早点铺就是一高嗓："给我来个'大碗儿冲'，里边加点儿白豆腐"。别小瞧这貌似简单的一碗，殊不知，浆子不开不行，鸡蛋液打不匀不行，鸡蛋液进锅成疙瘩溜子不像蛋花也不成。如今炉火方便，过去早点铺就一两口灶，多半以热浆冲鸡蛋为主。说吃出花样，还有人喝浆子喜欢加辣椒油，与笔者相熟的一位少数民族文化学者就如此。

浆子也是"画龙点睛"的角色。暂不论面食

起油皮儿的热豆浆泡馃子
堪称绝配

主食（天津话称"干的"），来上一碗锅巴菜、一碗浆子，或来上一碗老豆腐、一碗浆子，是天津早餐稀食的标配。为啥总要配碗浆子呢？天津人有意思，也算讲究，除上述就馃子吃香的原因，又觉得锅巴菜、老豆腐稍有些口重，吃完再喝几口浆子恰可冲冲咸、清清口，民间也有"灌灌缝儿"或"送送"的说法，为的是肠胃更舒服。其实，如上种种"讲究"皆可视为中国美食注重综合与协调的具体表现与魅力。

2011年秋，天津乡贤、红学家周汝昌对到访学者说，天津人讲究吃，哪儿也比不了，希望身体好些后"到天津去一趟，专门吃点儿小吃，大棒槌馃子、豆浆"。今下有流行歌曲叫《豆浆油条》，"我知道你和我就像是豆浆油条，要一起吃下去味道才会是最好……豆浆离不开油条，让我爱你爱到老"，这也许恰如天津人挥之不去的经典早餐搭配——浆子、馃子，特别是对那一碗浓豆浆的爱。

老豆腐与豆腐脑

豆浆、老豆腐、锅巴菜是天津三大传统早餐小吃，脍炙人口，但今人往往已"模糊"了老豆腐、豆腐脑的概念，其实二者在昔日还是小有区别的。

顾名思义，老豆腐的豆腐要比豆腐脑的稍硬，盛在碗里更挺实。作家梁实秋在《雅舍谈吃》中写道："北平的豆腐脑，异于川湘的豆花，是哆里哆嗦的软嫩豆腐，上面浇一勺卤，再加蒜泥。老豆腐另是一种东西，是把豆腐煮出了蜂窠，加芝麻酱、韭菜末、辣椒等佐料，热乎乎地连吃带喝亦颇有味。"梁实秋虽是说老北京食事，但与天津食俗触类旁通。旧津老豆腐用卤水点，突出"老"字，其外观与口感一如《故都食物百咏》所比喻："云肤花貌认参差，已是抛书睡起时。果似佳人称半老，犹堪搔首弄风姿。"老天津街市上卖的老豆腐大多无卤子，佐料放蒜汁、腌韭菜花、辣椒糊，后来也有加芝麻酱的，也有辣糊改辣油的。

直到20世纪70年代末，由天津市第二商业学校、天津市饮食公司编写的食谱资料中列举的老豆腐，仍无荤卤，只是浇上少许（大桶里的豆腐表面的）卤水而已，并说也有加少许盐水的吃法。

豆腐脑更精致。它的豆腐细嫩，突出"脑花"的感觉，盛在碗里白生生、滑颤颤、水汪汪的状态，文人将它与"半老徐娘"老豆腐对比，趣说豆腐脑似"妙龄少女"。豆腐脑需浇荤卤，打卤先要炸透大料瓣，再爆香葱花，下入细碎木耳、黄花、豆腐丝等煸炒，加高汤、酱油烧开，接着勾淀粉芡，出锅前再飞鸡蛋花来增加卖相。豆腐脑的佐料一般有辣椒油、花椒油（油、花椒、大料、酱油烹香）、芝麻酱（用香油澥开）等。豆腐脑盛碗里，师傅那加麻酱的动作叫"勾"，这个字把动作细节表现得很传神。

若说老天津名气最响的豆腐脑是啥，老饕十有八九会告诉你——口蘑羊肉末豆腐脑。烹制这种豆腐脑事先需要做一点儿面筋，津人俗称"洗"，洗面筋下来的粉浆水可留待打卤用。洗好的面筋还要用热水再烫再加工，呈须状为好。另外，口蘑也得处理干净，洗口蘑的水也可用来打卤。打卤时把大料瓣、葱丝、姜丝、羊肉末、面酱、酱油等一同炒香，接着添水并放口蘑、面筋须、鸡蛋皮（摊熟切丝）等，开锅勾芡即成。口蘑羊肉末豆腐脑的小料一般有辣椒油、蒜汁、芝麻酱等，盛碗时的比例一般为2份豆腐1份卤。早年辽宁路上有家豆腐房做得最拿手，许多人专程远路去品尝。

说到底，卤是豆腐脑的灵魂（蒜汁可谓"点睛"佐料），除上述口蘑卤、肉末卤之外，旧津还有鸡汤卤（或再加肉末）、清素卤、虾肉卤等，且有饭铺还因此干出了名堂。说20世纪40年代东门里大费家胡同附近有小店名叫束鹿馆，原本主要卖炒饼、酱肉之类，无奈市场萧条，为吸引顾客而特别创新推出了物美价廉的鸡汤豆腐脑。其卤选鲜鸡吊汤烹制，色泽酱红清透，味道醇厚；豆腐细腻，入口爽滑，一下就勾住了食客，还有相声名家成了常客。传说，束鹿馆的鸡汤豆腐脑也曾在当时的商业电台广播打广告呢。直到50年代这家小饭铺仍很热闹，后随公私合营被改组，鸡汤豆腐脑的滋味渐行渐远。

现下天津坊间的饶阳豆腐脑留有老鸡汤卤的滋味。

老豆腐、豆腐脑一直是"卫嘴子"早餐的主打品种，是素卤的。怎奈天长日久自然需要换换口味，自旧年天津来了荤卤的饶阳豆腐脑，一尝，便让很多人"馋"上了。

说起来，这豆腐脑是地道的河北省饶阳县传统小吃，距今已有一百八九十年的历史了。创始人韩玉清末在城关卖高汤、卖豆腐脑，他吊的、调的汤卤大有一套，用料选整鸡、整鸭、大方块鲜肉（或大棒骨），再加桂皮、丁香、茴香、大料等，还佐以当地的风味黑酱。慢工出好汤，直煮到肉酥烂、汤醇厚、肥而不腻才算最佳。售卖时，那锅浓汤一直用文火熬着，卤上浮着鸡鸭肉。口感顺滑的卤配上嫩豆腐，再撒鸡丝、肉丁、酥面皮碎（后也用面筋丁）、韭菜末、芫荽（香菜）末等，如此，一碗饶阳豆腐脑鲜香四溢，让人馋涎欲滴。食俗代代传，至今当地办喜事仍讲究吃豆腐脑。

1934年前后，韩家亲戚闫氏父子承袭了这门手艺，并来到天津大码头，落脚西关街卖饶阳豆腐脑。小铺初名庆义成，后称聚丰成，到了1948年定名普通居。那时候，饶阳豆腐脑在津可谓老爷庙的旗杆——独一份。对于爱尝新鲜的老天津人来说，那碗肥卤嫩豆腐来得正是时候，独特的滋味一下吸引了众多食客。每天清早，小铺顾客盈门，按天津俗话说，该着人家发财！1949年1月天津解放后，普通居迎来更好局面，不久即扩充了门市。50年代中期公私合营，一碗豆腐脑获得国营新生，1958年曾被评为天津市优质食品。

顺便一说，民国时期天津城厢不乏同样的名吃，比如东门里曹记驴肉店的豆腐脑、大费家胡同口的保定风味豆腐脑、鸭子王胡同的鸭汤豆腐脑，还有甜的藕粉果脯豆腐脑、牛肉粉丝豆腐脑、羊肉口蘑豆腐脑、三鲜卤豆腐脑等，有的比饶阳豆腐脑来津还早。

饶阳豆腐脑之所以吸引人，也许还与饶阳熏肠有关。熏肠、熏肉是当地的又一特色，早年有人用糖熏，后来更高级的改用松木、柏木熏，所出肉肠味道别具一格。饶阳豆腐脑、火烧（大饼）夹熏肠二者堪称绝佳搭配，津人久吃不腻，俗称"硬磕"早点。另说90年代中期以来，来自西安地区的清卤豆腐脑也曾在天津街头巷尾卖过多年，是撒咸菜末、芫荽提味，但随着退路进厅改变格局，它销声匿迹了。

饶阳豆腐脑别具风味

饶阳豆腐脑的主料小料本就够肥，可天津有些吃主儿还要鲜上加鲜——冲鸡蛋。汤卤总是接近沸的状态，所以可冲熟蛋花。津地民情食俗有趣，或许是全国独有——去买早点往往可以自带鸡蛋，无可厚非，吃饶阳豆腐脑也是如此，就像去摊煎饼馃子、喝馄饨，自带与用摊主的各有明价。

如今，很多人一大早就奔饶阳豆腐脑铺子去排队。因天津话发音习惯的缘故，吃主儿进门便招呼老板："来碗'遥阳'，少盛豆腐多来卤，再冲个鸡蛋。"碗中打匀蛋液，滚烫卤汤高冲而下，嫩豆腐慢溜，小料一撒，复合香气瞬间弥散开来，再吃一卷大饼熏肠，齿颊留香，额头微微汗，老饕们的小日子真就乐逍遥了，也许到中午都不饿。

再说清素卤，它颜色酱红，晶莹清澈，不澥不坨，吃起来挺清口。到了春天，有人可能会在素卤里加一点儿香椿芽，实乃应时口福。至于虾肉卤，颇具天津滨海物产食俗特点，今已不常见了。

天津师傅盛老豆腐、豆腐脑按老规矩多用黄铜平勺，从桶里豆腐表层开始，按顺序、按片状把它轻轻铲到碗里，动作更像慢铺，忌触散豆腐，一影响卖相，二容易出水。讲究人吃豆腐脑俗称"喝"，习惯用小勺片着吃，平着片起一勺嫩豆腐，沾裹一点卤，一起送进嘴里，往往不会舀着吃、搅着吃，那样容易导致豆腐出水、卤瀣稀，滋味自然就寡淡了。津人吃豆腐脑爱搭配玉米面（加豆面）窝头或两掺面发面饽饽（白面加玉米面），吃罢再喝点儿豆浆清清口，这早饭才真叫吃"熨帖"美了。

岁月荏苒，口味转变，今日天津民间的老豆腐、豆腐脑都是带卤的，很少有人再想起那旧味无卤的老豆腐了。

亦菜亦饭锅巴菜

天津锅巴菜亦饭、亦菜、亦汤，是本地独有的风味美食。关于锅巴菜的历史渊源在清康熙年间蒲松龄的《煎饼赋》中即可见一二。《煎饼赋》中说山东煎饼是用小米面摊成，这与加入绿豆面的天津煎饼大同小异。其中所云"汤合盐豉，末剉兰椒，鼎中水沸，零落金條"，形象比喻了烹制锅巴菜卤以及卤中煎饼条的情状。

其实，山东、河北农村的百姓很早就有用汤水泡煎饼吃的习俗，后来有些到天津卫谋生的穷苦人就地取材，以这种乡间吃食营生，挑着挑子沿街吆喝卖。考虑到天津人吃饭口味重的习惯，原有的汤水逐渐演化为更有滋味的卤汁，锅巴菜成为左右逢源的小吃。到了20世纪二三十年代，卖锅巴菜的小铺、食摊、挑子遍布天津大街小巷，其中有名号的门市达10余家。

锅巴菜的大致做法是先用绿豆面调成糊状，摊成煎饼，煎饼经过风凉半干后切成10厘米长、2厘米宽的柳叶状锅巴条，然后浇上卤子，再佐以香油、芝麻酱、腐乳汁、油炸干红辣椒、香菜末或油炸香干丁等小料即成，多味混合，香气扑鼻。

传统正宗的锅巴菜，煎饼讲用新鲜的纯绿豆加水磨成糊浆（或加少许小米面）摊成。摊煎饼需要一定的技巧，讲究越薄越好，生手摊起煎饼来不是生就是焦糊，不是软就是硬。煎饼柳叶

锅巴菜是天津早餐的必备吃食，唯当地独有

状锅巴条微脆有咬劲，浇上卤汁后不会粉化，更不会黏糊粘牙。再说卤汁，绝非大料水加芡粉，而是用清油煸炒茴香、葱末、姜末出香气，再加水、盐、酱油、芡粉等制成的，它柔滑滋润，清素芳香。小料中的芝麻酱用芝麻香油调制，油炸辣椒讲究酥香，微辣不燎嘴。锅巴菜要趁热吃，所以卤汁锅下总要有文火温着。

老天津大福来锅巴菜、万顺成锅巴菜色香味形俱佳，食客如云。

大福来锅巴菜铺约创办于清光绪年间的城西方向西大湾子梁家嘴，创始人名叫张起发。关于"大福来"的得名，民间传说因为当时张家恰巧喜得贵子，大胖小子的乳名就叫"大福来"。大福来锅巴菜选料精良，加工精细，恪守传统，所创纯素酱香多味复合的锅巴菜可谓独树一帜。据1956年版《天津市饮食商业优良品种展览会展品简介》中称，大福来锅巴菜"用柴火炉摊的，摊出的锅巴存放3天不变质，不变味，卤子比别家佐料齐全，不使锅巴沉淀，祖传已四辈，有100多年经验"。当时，大福来锅巴菜售价8分钱一碗，比一般的锅巴菜贵2分。新中国成立后，梁家嘴大福来的店堂由原来的两间门面扩大了许多，红火程度可想而知。

天津传统锅巴菜大多为素卤，而老南市万顺成小吃店则以肉卤锅巴菜著称。万顺成创始人段玉吉是静海独流人，早先以走街串巷卖麻秫、卖秫米饭（高粱米粥）为生。20世纪20年代初，段玉吉在南市东兴街开办了万顺成饭铺（后来又在法租界开设分号），售卖秫米饭、八宝莲子粥、锅巴菜、素包、糖包、豆包等。万顺成锅巴菜的卤是用五花肉片加花菜、木耳等烹调而成，比素卤锅巴菜更让人解馋。

美食家唐鲁孙是满族镶红旗人，自幼出入宫廷，又游遍全国各地，见多识广，著有《中国吃的故事》一书。唐鲁孙对津味锅巴菜情有独钟，书中称："就是外地人在天津住久了，也会慢慢地爱上这种小吃。尤其是数九天，西北风一刮，如果有碗锅巴菜，连吃带喝，准保吃完了是满头大汗。"

唐鲁孙也专门品尝过天津特色肉卤锅巴菜，他于笔端回味："天津市面上，素卤锅巴菜早晨到处都有得买。有一份肉片卤的锅巴菜，在绿牌电车路法国教堂一个胡同口，卤是肥瘦肉片，加上黄花木耳勾出来的，那比素卤又好吃多了，据说这是天津独一份的肉卤。勾卤更有一套秘诀，一碗锅巴菜，吃到碗底卤也不澥，在当时他既没申请专利，也没有人一窝蜂似的你做我也跟着起哄，可见当初在内地做生意，是多么讲究义气了。"

万顺成不仅在早餐时段卖锅巴菜，晚间也照样营业。作家刘枋积多年厨艺，以散文笔法写就《吃的艺术》一书，书中称："万顺成每晚座上客常满，每人面前都有一碗锅巴的。"

热乎乎的秫米粥

老年间，大部分天津人早晨起来不太习惯吃油腻的早饭，喜欢吃些清淡的。其实清代老城厢极少见豆腐房、锅巴菜铺、炸馃子摊等，这些早点的兴起大致是辛亥革命前后的事。

那时候的"卫嘴子"早上更爱喝热乎乎的秫米粥（也称秫米饭），外加蒸饼、烧饼等。秫米是什么？今人概念也许已淡，它是黏高粱米的一种，早在唐代《新修本草》及明代《本草纲目》中就有"糯秫、糯粟"与"黄糯、黄米"等记载，按现代理念说，秫米粥实属药膳，不乏祛风除湿、和胃安神的保健效果，您说老天津人曾热衷的早餐粥是不是挺"高大上"？

做秫米粥，其中除了白黏秫米，还要加少许糯米（江米），用文火慢慢熬，粥里还要加小枣、白糖、糖桂花等小料，熬到口感熟烂黏稠，甜丝丝中带着花香、枣香。昔日秫米粥就像今天的豆浆一样普遍，街头巷尾随处可闻小贩叫卖声。他们担着一副粥挑子，一边是粥锅和炭火小炉，让粥总保持温热；另一边的小柜里放碗筷，走街串巷方便百姓。

清朝末年老城北马路近东北角处就有个刘姓人开的小铺专卖秫米粥、元宵等吃食，颇有名气，食客挺多。其他的秫米面吃食在民间也有市场，比如东北角西侧就是鸟市，那一带有柴记小摊、万源成小店等售卖龙嘴大铜壶烧沸水冲的秫米面茶汤。

今日饭店里热乎乎的红枣米粥中还加入了些许鸡汤，曰养生粥

若说卖秫米粥卖出名气的还得数万顺成饭铺。万顺成开办于1920年，最初位置在南市东兴大街。早先，来自静海县独流镇的段氏三兄弟到天津城以卖柴火为生，攒下点儿本钱后挑起了粥挑子沿街售卖秫米粥，随着资本积累再后来开了门市，又陆续增添了锅巴菜、素包子等天津人喜欢的小吃。除了秫米粥，万顺成的八宝莲子粥也有特点，它以江米和莲子为主料，配核桃仁、青梅、瓜条、葡萄干、百合等小料。

顺便说说万顺成的锅巴菜。天津锅巴菜大多为素卤，而万顺成却以肉卤锅巴菜著称，其卤用肥瘦肉片加黄花、木耳烹调而成，比素卤锅巴菜更让人解馋。著名美食家唐鲁孙在《中国吃的故事》里曾提及万顺成锅巴菜，认为比起素卤来可又好吃多了。万顺成不仅在早餐时段卖锅巴菜，晚间也照样营业。美食家刘枋在《吃的艺术》中称："万顺成每晚座上客常满，每人面前都有一碗锅巴的。"

话说段氏兄弟的买卖越做越大，1929年又在长春道、辽宁路交口（法租界）开下分号，同时大增品种，如套环馃子、炸糕、盆糕、切糕、江米藕、馄饨、鸡丝汤面，以及应时到节的元宵、焖子、粽子等。1939年天津闹水灾，南市万顺成迁至附近的荣吉大街。万顺成总号、分号一直经营到1956年公私合营时期。改制后，更名为京津小吃店，所制小豆粥经久驰名。

说到早晨的粥，老天津街头也有卖大米粥的，它往往是用大麦仁熬的。这粥照样稠稠的，且麦仁有嚼劲儿，可加糖，口感更爽滑。此外，津味羊肉粥受人喜欢。做传统羊肉粥要选上好的羊肋条肉切小块，先炒至六七成熟，然后加羊骨汤（或水）与大麦仁、大米一起慢慢熬。麦仁羊肉粥的羊肉又酥又烂，粥浓稠，有特殊的复合香气，也堪称保健食疗名吃。

杏仁茶又是一样在老天津非常盛行的早点小吃，用新大米粉、甜杏仁粉熬制。关于其制法，民间有说先熬米粉再加杏仁粉的；也有说两种干粉面一同熬的。另外，米面有用大米粉的，也有用糯米粉的，食俗文化的多元特征让人莫衷一是。除小食铺售卖之外，卖杏仁茶的小贩担挑一般在早晨串街招揽，挑子上有热锅，锅盖的一半可以掀盖，另一半是木盘，放着餐具等物。上好的杏仁茶中常加糖桂花，卖者吆喝"桂花味儿的杏仁茶。"

馄饨与云吞

馄饨，也是天津早点的一大热门吃食，尤其在秋冬时节需加个"更"字，热乎乎喝一碗，浑身暖洋洋。津味馄饨讲究馅精皮薄，用鲜肉末加葱姜等调馅，调馅要顺着一个方向搅打上劲儿，这样调出的肉馅才好吃。其实，馄饨馅无须太多，包时往往只往皮里轻轻一抹即可，如文人形容它似薄纱裹胸的美少妇，正所谓"白纱微透一点红"也。津人吃馄饨最看中汤，老味道的馄饨分两种，也因于汤。一是用鸡和排骨熬汤的白汤馄饨，无须加酱油之类。另一种是用大棒骨熬汤的，也叫清汤馄饨，可加少许酱油。清汤煮馄饨开锅熟，汤中还可配虾皮（或海米）、冬菜、紫菜、香菜、胡椒粉、醋等小料，味道清香。馄饨不仅是"卫嘴子"的主要早点（还讲究与包子搭配），也是家常便饭，人们在冬至那天特别要吃馄饨、饺子，俗信可免冻伤耳朵。

老天津北门里户部街有家乡祠馄饨很出色，是几代人传承的老买卖。所售馄饨馅好、汤肥，天津人爱在馄饨铺吃的拆骨肉（排骨）也挺有滋味。这小铺附带烙烧饼（津地俗称打烧饼），现烙现吃配馄饨或拆骨肉，也可谓一绝。另外，大胡同老鸟市的德盛祥、姜记等饭铺也曾专卖大饼、馄饨等。一些特色小众高级馄饨则出现在高档饭店里，比如用鸡肉制成肉糜，与面粉、蛋清、水和面，然后擀成面片包馄饨，别具滋味。

除了小吃店、馄饨铺的美味外，旧津大街小巷一早一晚时段也常见卖馄饨的小贩，俗称馄饨挑子。挑子一头放置炉火，保证人们随时能吃到热乎的。

新中国成立后计划经济年代，因物资匮乏，票证紧俏，卖馄饨、喝馄饨的不多，但人们始终没忘记它的滋味。改革开放后社会生活逐渐步入正轨，饭店、馄饨铺卖的类似片汤样的小馅馄饨大致每碗收1两粮票9分钱，登瀛楼、周家食堂等处所售较有名气。

进入80年代，宏业菜馆推出的广式大馅云吞名扬津城。细说起来，宏业菜馆兴起于清末天津广东会馆里的宏业堂，是天津第一家正宗的粤菜馆。天津解放后的1949年6月，彭志秋等几位在津的粤菜名厨继承老宏业堂的传统，在惠中饭店与国民饭店之间的华中路15号（今不存址）开办了经营面积达300多平方米的宏业食堂，以广式小吃为主，兼营粤菜、糕点，成为当时天津最高级的粤菜馆，很快赢得声誉……宏业在津首推的大馅云吞馅料更足，汤口更鲜美，汤是用鲜鸡和大骨专门调制的，面皮用鸡蛋和面，肉馅是三分肥七分瘦。云吞现包，用小锅一份一份现煮现卖，碗中外加海米、海贝等小料，让人回味无穷。当时的普通馄饨每碗2角左右，而宏业的云吞一面市就卖3角6分，仍供不应求，引人垂涎。

另外，80年代辽宁路上有家安徽菜馆，曾推出过绉纱馄饨。有的餐厅还借鉴南方风味推出了芝麻馄饨、燕皮馄饨等。食不厌精，讲究一些的馄饨汤里还要放些鸡丝、皮蛋等。昔日天津民间还有素馅馄饨，用粉皮、香干、面筋、香菇、笋片、绿豆芽、香菜切碎做馅，包出元宝形的模样。1985年南市食品街建成后，食多方、老幼乐餐厅也引进了广式云吞，选料考究，工序细致，迅速成为受人追捧的名吃。

　　除了文中所谈，津味传统早点还有面茶、炸糕、煎饼馃子、蒸饼、枣卷、卷圈等等，不胜枚举，包您一个月也吃不重样，值得细品。

第二辑

煎饼馃子与煎饼果子

咬文嚼字说"馃"与"果"

　　煎饼馃子是天津民间小吃的重要标志，成为城市美食的一张名片，享誉八方。那么，煎饼馃子究竟缘何而来？到底该写作"煎饼馃子"还是"煎饼果子"呢？

　　先来说"馃"，其繁体字为"餜"，从文字学角度解读，该字从"食"从"果"，"果"即瓜果，"食"与"果"二者相合表示瓜果形状的点心。《康熙字典》引《玉篇》中的解释："馃，饼也。"

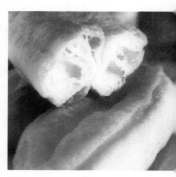

香酥大馃子

　　馃，是糕点的统称，旧年点心铺、糕点店也称馃局、时馃局（突出点心的时尚性）、南馃局（北方售卖南方细点）。比如笔者收藏有一张民国时期的糕点广告故纸，上面画着楚楚动人的旗袍少妇，同时大字标明"西安东南时馃局"。另外，山东龙口恒兴茂糕点店20世纪20年代中期的广告仿单上也写着"馃子铺"字样。

　　再看"果"字，乃传承字，无繁简之分，异体字为"菓"。《说文解字》中说"果"从"木"。宋代朝廷为方便朝中供给，专门设四司六局，其中果子局为六局之首，其他的还有菜蔬局、香药

各式各样的油馃子

局等，类似机构一直传至清代，后来果子局也演变成水果店的统称。此果局非馃局。

"馃"也指油炸面食，最典型的是油条馃子。馃子是天津、北京、河北、山东以及东北地区、河南部分地区民众对油条的俗称。老天津传统馃子品种很多，最多见的是长坯儿，它是两条面，两端捏拢，中间分开炸好，顾客买下用（摊主常备的）竹签或苇棍挑走。还有馃子饼、馃头儿、馃箅儿、套环馃子、鸡蛋馃子（鸡蛋荷包、鸡蛋兜、气鼓油老虎）、糖皮儿（糖盖儿）、老虎爪、馓子、排叉、花篱瓣等。早期煎饼馃子中所裹以馃箅儿居多。棒槌馃子兴起较晚，约是晚清的事，称"棒槌"源其与馃子形似。这两种馃子为煎饼馃子在天津的大红大紫打下坚实基础。

"油炸鬼"来了

宋朝秦桧夫妇害死忠良岳飞的故事大家耳熟能详，临安（杭州）百姓对秦桧恨之入骨，民间悄然诞生了一种叫"油炸桧"的面食馃子，秦桧死后，人们又叫它"油炸鬼"。传说，当年有个叫施全的义士欲行刺秦桧，未遂，后来为躲避追杀从京杭大运河一路行船北上，最后落脚在天津三岔口一带以售卖"油炸鬼"为生。至今，江南很多地方及港澳地区仍可闻"油炸桧""油炸鬼"的称呼。

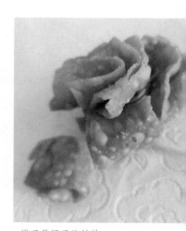

馓子是馃子的姊妹

焦圈是北京名小吃，它与馃子一样，同为面配以盐、碱、矾炸制而成。焦圈小如手镯，焦脆酥香，其形与老天津的套环馃子如出一辙。焦圈，俗称"油炸馃"，直到新中国成立初期北京人都这么称呼。当然，也有人叫它"小油鬼"。故宫文博专家、清史专家朱家溍曾对该名词的读音进行过解释："'油炸馃'的'馃'字读'鬼'音，这是保留在北曲中的元大都音。'焦圈'一词是新北京话，从前只称'油炸馃'。"可见，"油炸鬼""油炸馃"与馃子的源起有一定关联。

聚合而来，因地制宜

　　煎饼、馃子是煎饼馃子的两大灵魂。关于煎饼入津来由无须赘言，天津与齐鲁食文化素有渊源，有一种说法，说山东煎饼卷大葱传到天津后，"卫嘴子"觉得葱辛辣气息重，逐渐替换为好吃的馃箅儿、油条，并将鲁地传统小米面煎饼改为口感更佳的绿豆面煎饼。清代初年很多鲁人移民天津，食俗相随，煎饼馃子逐渐衍生定型。

　　又一说，煎饼馃子得益于天津经典早点锅巴菜。笔者走访了中国烹饪大师王文汉，他说昔时锅巴菜铺摊锅巴（绿豆面、小米面煎饼）往往会剩余边角料，丢掉可惜，总吃难免乏味，不知谁灵机一动用锅巴卷起馃子，如此搭配挺好吃，一来二去发展成煎饼馃子。

　　再有一种提法，要追溯到六百余年前。朱棣"燕王扫北"在天津设卫筑城，随军驻扎天津的兵民大多来自安徽宿州、固镇、凤阳以及江苏。固镇方言也成为天津方言的重要"母语"之一。据闻，有天津当地的食文化学者曾于20世纪80年代到固镇调研，称当地县志里记载有煎饼馃子，当时街头也有卖的，只是与天津的调料小有差别。此说在目前被业界认为是"比较严肃的说法"。难道天津煎饼馃子是随军传袭而来？有人后来也到固镇调研，但并未见到煎饼馃子。笔者也曾通过相关渠道考察，暂未亲见当地

煎饼馃子已成为
天津美食名片

方志原始资料。如今搜罗固镇小吃美味，所见资讯不少，却鲜见煎饼馃子。

天津食俗喜欢两种（或更多种）食物卷在一起吃，除煎饼馃子外，还常见大饼卷馃箅儿、饼卷牛肉、饼卷蟹黄、饼卷炸酥鱼炸小虾炸蚂蚱、饼卷炒鸡蛋、饼卷炒合菜（豆芽、韭菜、鸡蛋等）、饼卷炸春卷，更有"卷卷相合"的大饼卷素卷圈以及现下青少年喜欢吃的大饼卷鸡排、大饼卷鸡柳，甚至又衍生出"大饼卷一切"。缘何？方便。老天津是河海商埠大码头，拉船的搬运的苦力多，跑街做买卖的多，这些人忙且累，手里拿着一卷吃食，边走边吃，价廉物美，快捷省时，老话俗称"吹喇叭"。煎饼馃子算得上因需而来的快餐。

想想彼时情景，与当下青年人早晨赶往职场不乏相似之处吧，奔波忙碌的他们手里往往是一套煎饼馃子，或大饼卷鸡蛋、烧饼夹里脊。便捷，也为煎饼馃子成为夜宵铺就了道路。

夜宵主流与清晨小吃

一直以来，煎饼馃子并非高级食品，早年也不像现在这样摊子遍布大街小巷，他们多在晚间售卖，早晨卖的占少数。掌灯后，小贩挑着挑子或推着小车在南市"三不管"、日租界、劝业场等繁华地带吆喝，供打牌好玩的人、演出结束的人、听戏散场的人在深夜垫补垫补胃口。摊贩为多挣点钱，一般要干到午夜前后才收摊。说到推小车营生，老天津有歇后语"煎饼馃子翻车（跌跤）——乱套了"。相关的还有：形容人出口成章能言善辩，叫"煎饼馃子——一套儿一套儿的"；比喻诡计坏心眼被识破，叫"煎饼馃子下毒药——别来这一套"。

民国时著名小说家刘云若在《湖海香盟》中写道晚间的煎饼馃子。主人公任意琴晚间去和友人会面，但去得太晚，到饭馆附近一看，四下漆黑，"只在不远的街角上，有个卖煎饼馃子挑子，

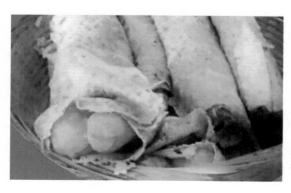

不加鸡蛋的素煎饼馃子，
再配一碗豆浆，也是美妙组合

一灯荧荧在夜风中摇动，有如鬼火。小贩袖手倚墙而立，偶尔吆喝一声"。

摊煎饼加鸡蛋在早年不多见，因为一是蛋贵，二是小贩携带不便。当然遇上不在乎钱的吃主儿也许会例外。刘云若在小说中继续描述："那小贩见她过来，问道：'小姐您买几套，可要带鸡子儿的？'意琴答道：'给我来一块钱的，什么都成。'那小贩得了大方的主顾，满面春风巴结道：'小姐，都摊带鸡子儿的，多个油条好不好？'"对话中的"鸡子儿"是天津人对鸡蛋的俗称。

旧时，京韵大鼓表演艺术家骆玉笙晚间在茶园演出，因为她爱吃煎饼馃子，所以后台管事常给准备一套。又闻，新中国成立之初，京剧名家裘盛戎来天津中国大戏院演出，晚场演出结束后常会到附近买一套煎饼馃子吃。

再说相对少的早点煎饼馃子。作家宋安娜在《神圣的渡口——犹太人在天津》中记述了一些犹太人的天津生活及后人寻访旧迹的故事，其中写道："米勒先生说，小时候家里都是做西餐的，而他偏偏喜欢天津的煎饼馃子、大糖堆儿、烤山芋和炒瓜子。他说，那时候每天去犹太学校上学都要经过法国菜市（现大沽路菜市场），他总是买那儿的煎饼馃子吃。"笔者走访文史专家金彭育，据介绍，其父金克家爱吃煎饼馃子，20世纪30年代末金克家在位于马场道的工商附中（现天津外国语大学址）上学，说学校门口有两个煎饼馃子摊，每天清晨开卖，一家是武清的师傅，一家是杨柳青的师傅，天天唱对台戏搞竞争，来往食客觉得哪家好吃就买哪家的。

其实，老天津的传统早点品种挺丰富，常见面茶、秫米（稀）饭、八宝粥、馄饨、烧饼、包子、大饼、蒸饼、馃子、炸糕、锅巴菜、老豆腐等，大可弥补当时早点煎饼馃子不普及的缺憾。

白纸黑字莫衷一是

张伯驹的字迹

　　煎饼馃子属于里巷小吃，非正饭常食，加之早年不甚普遍，所以正式史料记载不多。成书于1931年的《天津志略》中写到一批本地特色食品，但无煎饼馃子。北平中华书局1936年版《天津游览志》中的《小饭馆》一节里民间吃食如云，写到馃子，没提到煎饼馃子。可见煎饼馃子在当时并不起眼。

　　过去民众文化水平有限，写一些复杂字往往会"从简"或"丢三落四"，比如"馃"，丢下烦琐的"食"字旁，而俗写为"果"字，大家一般都明白嘛意思，久而久之"约定俗成"。1933年11月20日天津《大公报》副刊上有《天津市的小饭馆》一文，其中提及津门小吃，写的是"煎饼果子"，多在晚间售卖。40年代《民治周刊》上载《津市的两样特殊食品》，文中说到炸蚂蚱、煎饼馃子等，"馃"也以"果"刊出。文云："天津售卖煎饼果子的小贩，常是由清晨起一直活跃到夜晚。我们走到街巷里，只要细心观察一下，便可以发现有卖煎饼果子的，有的是挑个小挑，有的是推着小车，随时随地吆喝着煎饼果子的叫卖声送入耳鼓。"从这段话可以看出，后来煎饼馃子渐渐作为早点而存在。

1977年12月《第二次汉字简化方案（草案）》公布，1978年3月《关于学校试用简化字的通知》发布，但时间不长，1978年7月开始，报刊停用"二简字"，1986年9月有关机构正式下文要求社会停用"二简字"。但"二简字"在民间仍存在惯性，导致一些字在书写过程中被不规范地简化，甚至以讹传讹，这也许是导致"煎饼馃子"书写不规范的又一因素。

谈段花絮。收藏鉴赏家、诗词学家张伯驹青少年时代在津读书，从此与天津结下很深的情缘。近年拍卖的信札显示，晚年的张伯驹曾给天津友人写信："年假来京，望将《空城计》研究带来有所用，并望带四五个煎饼果子。"其中也写为"果"，同时不难看出老人对煎饼馃子的怀恋。

长期以来，馃子、煎饼馃子名称在出版物中所示不一。比如：天津市第二商业学校、天津市饮食公司编《天津面点小吃》（1979年版）中刊"棒棰馃子""馃箅"；中国民间文艺研究会天津分会编《天津民风》第五辑（1983年版）中刊"果子"；天津社会科学院出版社《话说天津的地·事·人——对外通讯报道文集》（1990年版）中刊"煎饼馃子"；天津市民间文艺家协会编《天津民风》第十二辑（1992年版）中刊"煎饼果子"；南开大学出版社《津门食萃》（1995年版）中刊"馃子业"；上海书店《津沽旧事》（1994年版）中刊"煎饼馃子"；天津人民出版社《天津卫掌故》（1999年版）中又刊"煎饼果子"；天津人民出版社《天津文史资料选辑》（2002年版）中刊"煎饼果子"……

此外，馃箅儿之"箅"，长期以来亦有"箅""篦"混用的情况。篦子指有密齿的梳头用具，箅子则是有洞眼用以隔物的器具，如蒸食物用的竹箅子。做馃箅儿时，面抻极薄，还要戳一些细碎小孔，以方便炸透，笔者以为，这里用"箅"更形象、更合理。

从悄然变化到风行街巷

关于天津煎饼馃子的食材，按传统标准，面浆是用水发纯绿豆水磨的，磨制中加葱花、小虾米等辅料。至于煎饼中的馃子，新炸的馃箅儿、棒槌馃子兼而有之，前多后少。无论卷馃箅儿还是馃子，卷好后讲究在铛上点两滴油，把煎饼馃子煎一煎，煎饼皮达到两面带嘎儿，有着微脆的口感才好。所抹调料仅限于面酱，至于酱豆腐汁、辣椒油、韭菜花、蒜蓉辣酱、葱花、香菜、芝麻乃至孜然的使用，是改革开放后市场经济年代的事，按顾客所需酌情添加。

煎饼馃子的售卖方式也出现多样性。旧文《津市的两样特殊食品》中还写道："另有一部分卖煎饼果子的小贩，他们并不沿街吆喝，专门在澡堂里卖，供给一般的澡客们吃点心，每天的收入也是相当可观。"

新中国成立后，一些夜生活场所被取缔，卖煎饼馃子的小贩没了生意，于是更多转向早点市场。那时候物质条件有限，煎饼馃子多为不加鸡蛋的"素的"。据王文汉介绍，20世纪50年代中期他小时候常在西沽宣家渡口买煎饼馃子吃早点，当时一套素煎饼馃子3分钱，其中有一根棒槌馃子，小贩按规矩把馃子两坯分开，卷在煎饼里。70年代中期涨价到8分钱。

计划经济时代个体经营煎饼馃子的不算多，甚至是"胆战心惊，如履薄冰"的状态。天津煎饼馃子迎来新生是在改革开放后，小车小摊如雨后春笋般复苏，迅速成为早点市场的"老大"。市民生活逐渐宽裕，加鸡蛋、加双馃子的吃法随之增多。买煎饼馃子、炸鸡蛋荷包时顾客可以自带鸡蛋，也算天津的一种风俗，外埠罕见。有些主妇过日子细，会算自家买来的与小贩摊上的鸡蛋差价，她们信奉那句老话：吃不穷，喝不穷，算计不到就受穷。

率先在清晨出摊卖煎饼馃子的可谓第一批下海"吃螃蟹"的人。在当时，煎饼馃子的利润不算低，民间戏称，一辆煎饼馃子小车可养活一家人。记得20世纪80年代后期，笔者亲戚与老城东南角一对摊煎饼馃子的老夫妇相熟，他们的煎饼味道正宗，排队的人多。老大爷嫌老伴不机灵，总搞混谁要加几个蛋，谁要加几根馃子。老大爷索性用烟卷盒里的锡纸卷成小棍代表馃子，用小圆白纸片代表鸡蛋，让老伴按顾客要求按数递给他。他们就凭那煎饼馃子车挣来的辛苦钱，为两个儿子都娶了媳妇。

80年代末90年代初开始，传统煎饼馃子悄然出现变化，面浆除了绿豆面外，坊间又有了小米面、紫米面、杂粮面、玉米面等多种面浆，这与山东煎饼改良丰富的时间大致相同。另外，市面上

山东风味的
粗粮煎饼馃子

也出现了品牌煎饼馃子，统一配货，连锁经营。不可回避的是，市面上有些面浆开始不尽如人意了，若不加鸡蛋而单摊，往往摊不出像样的煎饼，所以想吃一套素煎饼馃子变得不容易。

从夜宵到早点，再看今天，煎饼馃子已现身一些高级饭店正餐席上，无论将它视为小吃，还是当成主食，与山珍海味同登大雅之堂，不能不说是煎饼馃子的飞跃。近年来，它在有的繁华路段已实现门市昼夜售卖，越到晚间越要排队等。

包容一裹，世界共享

食俗历来与时俱进，特别是在时代飞速发展的今天，煎饼馃子再传统再经典也无法游离于潮流之外。

对于当下"时髦"煎饼馃子中加裹香肠、鸡排、海鲜、豆皮、酱菜、生菜等，坊间不乏微词，可难挡市场需求。从食品丰富层面说，今非昔比，无尽的美味激发着人们味蕾的活力，那么，在抱守传统老味道的基础上，寻求滋味新感觉并不为过。

煎饼卷馓子搭配时蔬蘸酱

当年，老天津人吃煎饼馃子一般配茉莉花茶喝，后来喜欢就豆浆，而如今呢，营养粥、奶茶、牛奶，都可以搭配煎饼馃子，好似"乱花渐欲迷人眼"。

不仅如此，在"互联网+"时代，煎饼馃子也走上网购平台，食客足不出户轻松品尝，尤其方便外埠需求。煎饼馃子从地方突围，有走向全国甚至世界的势头。

"地球村"概念不再新鲜，在欧美一些国家的华人聚居区、旅游地，不难找到天津煎饼馃子，口味也在被改良，以适应当地消费者。馃子油重，西方人吃不惯，有些地方的口味比较清淡，也不适应辛辣。有一位留学生在英国伦敦、布里斯托尔吃到了煎饼馃子，煎饼里裹的是介乎油条与馃算儿样的馃子，轻油，切成块的。而在比利时布鲁塞尔，那里的煎饼馃子不仅可以抹天津甜面酱，还可抹当地人喜欢的西餐酱料、海鲜油等，卷裹方式也变为三角包。其实这些变化无可厚非，我们在国内吃到的汉堡、寿司、烤肉、意面等美食，与它们原产国的口味不也是不完全一样吗？这些，都是中西合璧、入乡随俗的表现。

回望岁月，再传统的食品也不可能一成不变。毋庸置疑，今日多样多元的煎饼馃子适应着消费个性化、多层次的需求。在市场经济、全球共享的大背景下，包括煎饼馃子在内的许多民间美食，无论怎样改良，只要人们喜欢吃并被记住，便是成功。

重要的是，万变不离其宗，创新皆应以传统煎饼馃子为蓝本，以相关行业标准与操守为标尺。一裹一包容，人们不会忘记它叫煎饼馃子，根在天津，那些出现在世界各地的煎饼包装上，也一定写着"Tianjin"字样。津门故里，确实"倍儿有一套"。

如今派生出的五花八门的煎饼馃子，可卷万物

第三辑

天津包子故事多

源起往事早

　　饭与菜兼备，荤与素并举，香喷喷的大馅包子可谓天津市井美食、家常便饭的"名片"，早中晚三餐时刻，老味包子铺里无不热气腾腾，香飘里巷，您也总能见到排长队的老老少少，这便是"卫嘴子"的食俗情怀之一斑。

　　包子的历史源远流长，传说诸葛亮七擒孟获后班师还朝，军兵走到蜀地泸水时突然风雨交加，无法渡河，众人一筹莫展之际有人问熟悉当地情况的孟获，据称此地因连年战事而身亡的将士不计其数，若途经此地需先祭拜一番。诸葛亮计上心来，命将士们屠宰牛羊做肉馅，和面包之，其形似人头模样，蒸熟后行祭礼。诸葛亮称这面食叫"馒首"。果真如孟获所言，祭祈礼毕云雨消

热气腾腾的
包子一屉顶一屉

散，风平浪静。从此，包子流传民间且逐渐成为人们的主食，历史上也称面玺、玉尖面、肉馒头等。

再说南北食俗差异。北方人把发面蒸的实心无馅的面食称馒头，有馅的叫包子，而南方人把一些有馅面食也叫作馒头，如上海生煎馒头、油氽馒头等，确为肉馒头。从直沽寨到设卫筑城，天津便成为一座五方杂处、南北交融的城市，一方水土包容吸纳了众多南北风味，仅就包子说开来，以"水馅"肉包、"津味素"菜包为典型，堪称北派包子的龙头代表。

清乾隆年间天津举人杨一崑（无怪）有名篇《天津论》传世，其中就有"鼓楼北出酱肉，双立园的包子白透油"一说。双立园位于东门里，此间不仅有好吃的包子，菜肴也齐全，门庭若市。光绪二十四年（1898年）版《津门纪略》中收录有五十多家知名的饭馆食户，名录中特别言及甘露寺前的大包子、侯家后的狗不理包子、鼓楼东的单家包子等。顺便一说，甘露寺的位置相当于今河北大街南口，此地也是钞关（税关）所在之处，紧邻大胡同、侯家后，舟车杂沓，商民熙攘，是天津餐饮业的重要发祥地。

1931年版《天津志略》中载饭店、食堂、零食铺104家，书中有日租界天利成包子铺、南市增兴德蒸饺铺等名号。增兴德初创于1912年，最初由刘福寿经营，后来转给张春荣（俗号张八）经营，兼营牛羊肉。传说，增兴德的烫面羊肉蒸饺是一绝，馅内特加浮油、羊尾油，口感颇肥厚。不限于天津老城厢，民国时期流传的《杨柳青买卖通俗杂字》所记以清末至民国中期天津西郊商俗风貌为主，其中有"西渡口，往北行，黎家包子可有名"，以及"义合公，轧切面，乔文包子猪肉馅"等。

名字号鳞次栉比

　　冯文洵的《丙寅天津竹枝词》始撰于1926年，1934年印行，三百余首竹枝词称得上是津地内容最广、记载最详的通俗歌赋，其中对民间美味也多涉笔墨，如说"包子调和小亦香，狗都不理反名扬；莫夸近日林风月，南阁张官久擅长"。第一句赞扬鼓楼东姚家大门的小包子；第三句是说当时日租界旭街（今和平路）的林风月堂日式餐馆入乡随俗，所蒸的羊肉包子与众不同；接下来又说口味更胜一筹的张官包子。

　　张官包子铺在小伙巷栅栏口，约开设于清宣统年间，店主叫张玉涌，俗号张官，他最初是卖切糕的。张玉涌的牛羊肉包子从选肉到加工都很讲究，比如肉要仔细剔筋、切碎，之所以用两种肉，其原因是牛肉熟后缩水量相对小，可以撑住包子个头，卖相好。张官包子调馅用香油，直到临包时才加葱末，以免散失葱香口感。假如牛羊肉馅选料不精，或调馅不好，那吃起来容易"吐核"，但张官包子绝无类似瑕疵，这也是其赢人的特色。传说，后来的恩庆和包子吸收并传承了这一经验，也卖出名气。

　　张氏最初卖切糕。清同治九年（1870年）火烧望海楼，传说他前去看热闹，无意间在教堂后面的火光中发现一个铁皮箱，悄然带回才知里面装满金银与洋钱，于是掩埋地下，几年后陆续兑现发了财，在宣统年间开了包子铺。后来，铺面不慎失火，情急

好看好吃的麦穗包

之下的张官许诺谁能从屋里抱出大瓶来，就送两间房子给谁。结果有勇士披上湿棉被抢出，张官果不食言。瓶中有啥？现款、金银、存折、地契等，几乎是家财全部。张官"浴火重生"，包子更重品质，享誉津城。

再说羊肉包子，绝对是天津人心目中的富裕饭食，民间食俗基础颇深。老年间有小曲说刘二姐求子去拴娃娃，抱娃回家后好生侍奉，其中有唱："烧饼麻糖尽孩儿吃，羊肉包子顺嘴流……"在老天津，恩发德的羊肉包子颇有名气。

那小伙巷往东便是北大关，金华桥南有家铺子叫半间楼。这买卖不缺顾客，因为它斜对面就是人来人往的估衣街。半间楼独树一帜的是肉皮包子，先把肉皮料理干净，加八角、桂皮、豆蔻等香料，炖到七八分烂再趁热切碎，所出的肉汤待凉待凝也切成小丁。接下来用精盐、香油、料酒调馅，辅料加炒鸡蛋、虾子等，并不加味精，以突出原有鲜香。包子新鲜出笼，肉皮有嚼头儿，汤汁黏滑，多而不溢，喷香不腻，确勾馋虫。

在南开鱼市老街（南关老街）的一条胡同里还秘藏着卢三包子。铺主姓卢，排行老三，他家的包子有猪肉馅、三鲜馅、肉皮馅几种。猪肉包精选肥瘦鲜肉，切成的肉丁如豆粒大小，加山东大葱，用高汤调馅。肉馅的俏头是韭菜，单放一旁，根据吃主儿口味临时添加，现包现蒸，个个薄皮大馅白又亮。无独有偶，红桥南头窑一带也有鱼市，附近巷子里早有陈姓人家卖包子出了名，久而久之那条巷子便称陈家包子铺胡同了，《天津地名志·红桥区》有载。

三岔口南运河北岸旧有河北鸟市，此一带有知名的三合成、保发成、德发成包子铺。三合成的何师傅在当时是厨行的腕儿，每天几百斤肉馅皆手工切剁，水馅调得非常不错。据《天津文史资料选辑》介绍，公私合营后狗不理包子铺重新开张，曾引进了三合成的部分技术人才。另外，此地还有姜记包子，也香飘至今。

狗都不理反名扬

前文说到冯文洵的《丙寅天津竹枝词》，其中有"狗都不理反名扬"一句，它说的就是家喻户晓的天津狗不理包子。

狗不理包子色白面柔，大小一致，包子面底厚薄相同，汁多味美，但不肥腻。狗不理包子在用料和制作上大有讲究。先说馅，用3∶7比例的肥瘦鲜猪肉加适量的水，然后佐以排骨汤调匀，再加小磨香油、上等酱油、姜末、葱末、味精等，精心调拌而成。包子皮用半发面，和面时的水温一般要保持在15℃左右，然后按照固定分量搓条、放剂，擀成直径约为8.5厘米的薄厚均匀的圆形面皮。包入馅料，用手指悉心捏褶，同时用力将褶捻开，每个包子有固定的18个褶，褶花疏密一致，形如白菊花。然后上锅蒸，足火大气蒸5分钟即熟。

这大名鼎鼎的美味包子怎么就得了"狗不理"的名字呢？

据《天津近代人物录》记载，清道光二十五年（1845年），年仅14岁的武清人高贵友来到天津南运河畔侯家后中街的刘记蒸食铺学徒，很快学出了好手艺。坊间传说，高贵友乳名叫"狗子"，而老年间饮食行有个规矩，不喊新来的小徒弟姓名，只叫小名，所以伙计们乃至熟悉他的老顾客都亲切地叫他"狗子"。几年后高贵友学徒期满，自己在路边也开了一处包子摊。

他对包子的制作更加精益求精，不但馅料好，而且外观也漂

津味包子白净油亮

亮，形状是菊花顶、鬏鬏扣。高贵友为人实在，他的包子比别处大一成，价格比别处低一成，而且为了保证质量，剩下的包子绝不回屉再卖，因此赢得了顾客。

高贵友既当掌柜又做伙计，制馅、捏包、上屉、售卖都是他一个人忙活。因他的包子馅大味美，肥而不腻，日久天长赢得了广泛的口碑，老主顾都还叫他的小名儿："喂，狗子，给咱来几个包子。"他的生意越来越红火，实在忙不过来，便在摊上放一把筷子，一摞粗瓷大碗，顾客要买包子，就把钱递给他，他会照钱给包子，买主吃完放下碗筷即走。他忙得几乎一言不发了，于是有人笑逗他："狗子卖包子，一概不理呀。"传来传去，竟传成了"狗不理"。

狗不理包子越叫越响，他的小摊变成大摊，后来又创办了德聚号包子铺。传说，清末袁世凯在天津编练新军时曾将狗不理包子作为贡品献给慈禧太后，慈禧太后品尝后连连叫好，并兴致大增地说："山中走兽云中雁，陆地牛羊海底鲜，不及狗不理香矣，食之长寿也。"从此，狗不理包子名声大振。

从"津味素"到包子宴

　　津味包子品种多，俗名也多，比如家喻户晓的"狗不理"，还有"石头门坎""陈傻子"等。民间传说，当年慈禧太后下旨召各地小吃进京，狗不理包子、陈傻子包子等皆呈进朝中。当陈傻子包子的主人托着包子进殿时诚惶诚恐，一直低着头不敢张望。"老佛爷"尝过包子后连连说好，见来人呆呆的样子，于是向满朝文武笑着说，这人真是傻相有傻福啊。这番话随即传于街市，那包子也名扬京津。

　　还说清代事。那时到娘娘宫上香、游玩的人常到位于宫南的石头门坎素包铺（因临近海河，店门口有挡水的石头门坎，故得名）吃些包子，逢庙会或吉日，素包更加供不应求。石头门坎包子馅料多以豆芽或白菜为主，配香干、粉丝（粉皮）、香菜、芝麻酱、红腐乳、香油等，半发面的大馅包子蒸熟后味道特别清香馋人。类似馅料在民间广传，久而久之形成著名的"津味素"，进而还衍生出类似馅料的素饺子，尤其成为大年除夕吃素饺家庭的首选。

　　石头门坎素包香，自然引跟风者，附近城厢常有挎食盒的叫卖者，他们吆喝"石头门坎儿——素包儿"，前仁字声轻且短，"坎"字则声高调长，"素包儿"又是短促利落的脆声。郭德纲在相声中也学过老天津卖包子的吆喝声："肉儿——包儿"，戏说那

"肉"字拖长音很久，过一宿到早晨才传来那短促的"包"字。

素包子当然没肉，老天津人挺哏，缘此衍生出俏皮话"石头门坎的包子——没肉儿"，有时比喻饭菜清淡，也形容人太瘦。相对的呢，如"包子没褶儿——肉馒头"，这倒也符合包子源起的故事。

前些年，天津一家名牌包子曾在京摆下包子宴，传统与创新口味兼备，别开生面。包子宴大致有十道，先上鲜肉包，咬一口，见油花流入瓷碟中，入口肥而不腻，齿颊生香。肉香之余继续吃素包，各样时鲜蔬菜与木耳、香菇、香干等巧妙加工组合，色香味俱佳。第三道是三鲜包，河海鲜味浓郁，滋味美妙。第四道是典型的天津风味韭菜大虾包，韭香、虾鲜窜鼻，让人赞不绝口。还有川苏风味的叉烧包，选精肉调馅，甜中带咸，给食客带来有别于上述包子的口味变化。接着是以鲜贝为主料的珍珠包，吃起来爽滑细腻。后面又上麻辣川味包、浓香梅菜包。第九道重头戏，是慈禧太后夸过的贡品包，可见包子里的肉皮呈半透明状，粒粒如珠，如琼脂般晶莹。最后以淡甜的豆沙包清口，让人回香百味。

韭菜篓与菜团子

从严格的食学、食意上说，大葱、大蒜、韭菜、鸡蛋等皆属"荤"，可天津百姓理解一般会宽泛些，比如炒鸡蛋为素，韭菜炒鸡蛋也是素，以及很多人喜欢吃的韭菜虾皮（仁）素包，这显然迎合了"卫嘴子"具有包容特征的习俗口味。韭菜素包俗称"韭菜篓"或"一兜篓"，薄皮大馅，好比足足一大篓子。面要发得好，光洁白生生，没斑点或油皮。韭菜讲究选本地红根细（毛）韭菜，老粗的大叶一概舍去，专选细嫩的切。再拌上细碎的豆腐（或豆腐干）、香菇、粉丝（粉皮）、鸡蛋、虾（皮）、葱、姜等。韭菜篓的包法要细褶匀称，捏合处没有面疙瘩，最好的状态是蒸出来一个个高壮耸立，像小篓子一样，而非软塌塌的扁包子。现代人不缺美味，但像这样的家常韭菜篓端上来，恐怕纵然是大饱肚子也忍不住再尝几口。一个字——香！

老味素包极讲辅料、调料，像时下的名品牌素包，有不少馅料都是多食材复合，例如素八珍包，以野菜为主料，配上荸荠、香菇、黄花、木耳、粉丝等。还有以白菜为主的，配香菜、粉丝、香菇、木耳等，很是清香。

逢吃包子、饺子等馅食，老太太常有口头禅："吃得起馅（就）吃，吃不起别吃"，意思是要多包馅别"小店子货"舍不得。说到馅料大，便要说到菜团子。旧年的玉米面（津俗称棒子面）

菜团子是穷苦人饭食，不少家庭人口多，口粮少，恐怕连玉米面也不够吃的。秋凉，人们纷纷到路边、墙角拔来各样野菜，或买来便宜的萝卜、雪里蕻等，在自家房前屋后晾晒成干菜，以备过冬做馅吃。吃干野菜甚至是榆树叶做馅的菜团子是节粮度荒年代省口粮的好办法之一。

马齿苋菜粉丝，韭菜虾皮，白菜（小白菜）馃子粉丝，这几种馅是津味菜团子的主要口味。包菜团子比包包子难，往往需先烫面，再和面，因为玉米面性松散，所以既要多包馅、火候足，还要保持外形不破不散，大致也非一日之功。

如今条件好了，菜团子或素菜馅，或菜肉合馅，或在野菜中加肉末、虾干、鸡蛋等，它与炒（玉米面）饽饽、栗子面小窝头等都成为大饭店里热销的主食，类似"粗食"也被商家赋予了挺乡土、挺怀旧的名字，不乏卖点。

花样迭出勾馋虫

齐鲁风味对天津饭食有重要影响，津味传统水煎包以山东厨师所制为正宗。多数水煎包形如发面大饺子，馅分荤素，荤馅常见猪肉、白菜、韭菜、韭黄，素馅以粉丝、虾皮、韭菜、煎豆腐为主。好吃的水煎包必经煮、蒸、煎过程。做水煎包用平底锅，锅底放油，馅料鼓鼓的包子依次排列，加热，将调好的面糊水（或芡粉水）均匀浇在包子缝隙，最好漫过包子，再改大火。此为煮。当面糊水剩下三分之一时，将包子铲起翻个，用文火热蒸。待水收尽，还要在包子间淋油，用小火慢煎。

曾几何时，老南市"三不管"人流如织，那里有达官显贵消遣，也有贩夫走卒的乐子，同样是小吃的天堂。如杨家素馅水煎包，又叫虾米韭菜粉儿，用芡粉调水煎制。包子经水煮、油煎，一面脆，三面软，色泽金黄，底嘎金黄"飞刺儿"油酥。现包现煎趁热吃，几个经典的白菜三鲜馅水煎包，再配上一碗二米粥（大米、小米稀饭），妥妥对味对胃。

油香馅料足的水煎包

天津全聚德除了经营正宗烤鸭、全鸭席，还顺带卖鸭油包。用鲜猪肉和鸭油调馅，面暄松软，一咬一兜油，特别在"胃口穷"的昔日，可谓倍儿解馋的饭食。不仅如此，川鲁饭庄的鸭油包、银丝卷在20世纪八九十年代也很受欢迎。一般，肉馅鸭油包会做成麦穗包的样子，麦穗包实则也源出齐鲁。包的时候用右手拇指与食指从后向前赶着捏褶，先用拇指捏，再用食指捏，直到赶褶完成。把包子头捏成尖状，包子尾是圆形的。言及包法，老天津还有一种"道士帽"包子，馅料常见肉菜馅、三鲜馅、海蟹韭菜馅、油渣韭菜馅、纯素馅。这种包法如左手拿面皮，右手填馅，左手随转收口，右手压紧馅，然后用左手拇指、食指与右手拇指把面皮的边对齐再挤一挤，收口，形如道士的帽子。顺便一说，老天津人习惯将肉馅包子包成圆形，素馅包子则包成大饺子形。

津人爱吃馅食，即便包多了剩下也无妨，转天或熥或烤，不失原味。旧年冬天家家有取暖煤炉，在炉盘上架上铁丝网架，放上几个包子，围坐在炉旁，闻香气慢慢飘来，看面皮逐渐金黄，一边吃烫手的烤包子一边吹凉，香脆的口感充满暖意，实在是严寒中的食趣享受。

烤包子

名人也钟情

自清末以来，狗不理包子名声大振，一直是天津美食的一大亮点。政要们来津当然要尝尝名吃，西哈努克亲王在津时曾特意请狗不理包子铺的厨师到住地为他做包子，并按天津食俗吃了稀饭、酱菜。美国总统布什成为元首前曾任驻华联络处主任，他也慕名到天津吃过狗不理包子。值得一提的是，2018年6月普京总统莅临天津期间还亲手包了津味包子，佳话广传。

梁实秋不仅是散文家、翻译家，还是造诣颇深的美食家，与天津有不解之缘。早在1932年，梁实秋就来到天津《益世报》主编《文学周刊》，其间对天津物产与美食多有了解。梁实秋钟情天津包子，有文说："天津包子也是远近驰名的，尤其是'狗不理'

美食贵在创新，比如这是时蔬彩面包子

的字号十分响亮。"天津肉包子的特点之一就是汤汁多,味道鲜美。他进而谈道:"有人到铺子里吃包子,才出笼的,包子里的汤汁曾有烫了脊背的故事,因为包子咬破,汤汁外溢,流到手掌上,一举手又顺着胳膊流到脊背。"类似的细节观察与民间笑话也被他写进《汤包》一文中。

民国时期的"电影皇后"胡蝶在少年时代因其父胡少贡任京奉铁路总稽查,随家在京奉铁路一带辗转,1915年移居天津。胡蝶在圣功学堂读书,并正式取名胡瑞华,她后来在《胡蝶回忆录》中说,学校管理很严格,"只有下了课的时候,走出校门,我和胡珊才像两只飞出鸟笼的鸟儿。踢毽子、跳绳,玩够了,一个铜板买一个肉包子或是买一大堆糖炒栗子,再花一个铜板就可以叫辆黄包车回家。"

相声大师马三立说起包子来更是绘声绘色,他在《十点钟开始》中有经典台词:"我钱就多啦,有钱啦我就,有钱我就买被卧,买棉帽子,有钱我就吃,我吃炸糕,我天天吃包子,天天我吃包子……"

天津素来是美食窝子,外地朋友来津总有一种期待,即便日理万机,哪怕盛宴连连,也要尝尝天津包子、市井小吃,不然定会遗憾满腹。津味吃食滋味美,但很低调,其实人们都晓得"包子有肉不在褶上"的道理,天津内涵故事很精彩,也很吸引人。

第四辑

水饺　蒸饺　大锅贴

荤素大馅有花样

饺子是中华传统美食，天津人对饺子更是情有独钟，早在康熙《天津卫志》中就有"各食角子，取更新交子之义"的记载，即过大年吃饺子。团圆饺子意义非比寻常，有吃肉馅的，也有吃素馅的，缘此还衍生了独特的"过年素""津味素"。且说人们祭祖供奉饺子；正月初五"破五"还吃饺子；入伏讲究"头伏饺子二伏面"，饺子形似元宝，"伏"与"福"同音，寓意"元宝藏福"；到了立秋"贴秋膘"再吃饺子；冬至接着吃，"不端饺子碗，冻掉耳朵没人管"。

不仅如此，待客礼仪"长接短送"，迎接时吃面条，欢送时吃饺子；日常大喜事当然吃饺子；过生日前一天"催生"吃饺子；就连给产妇"捏骨缝"保平安仍需吃饺子，实乃百吃不厌。

天津人爱吃水饺，似乎也被视为小日子过得滋润的一种标志，除了家常便饭的肉馅水饺、素馅水饺、菜肉混合馅水饺之外，在馅料、吃法方面还有不少花样值得细品。

百姓常吃的鲜肉馅（或多加葱）在餐饮行俗称常行馅，即常规馅料之意，老吃主儿爱用"一兜儿油儿""一个肉丸儿"来形容其味美多汁。常行馅可与多种蔬菜、菌菇搭配，如肉白菜、肉韭菜、肉茴香、肉香菇等皆引人馋涎。另外，嫩羊肉、西葫羊肉、白菜羊肉、胡萝卜牛肉、油菜牛肉馅水饺也深得食客青睐。

杨柳青年画上的包饺子情景

三鲜馅水饺堪称津味一绝，远近闻名。鸡蛋、鲜肉、虾肉分别代表天上飞的、地上跑的、水里游的。天津食俗吃水饺时一般不带汤吃，可也有例外，旧年有一种吃法，三鲜馅水饺煮好盛到大碗里，接着浇上热热的高汤，连吃带喝一起下肚，名为高汤三鲜水饺。另有伊府高汤水饺，馅用蟹黄、韭黄、蛋黄，水饺皮尤其讲究，用鸡蛋和面，即伊府面，包出袖珍水饺，盛碗，浇汤。

提到"鲜"字，天津颇有地利之便，河海两鲜在津沽大地垂手可获，自然也可尽兴吃海鲜馅水饺了，比如现下已成非物质文化遗产的鲅鱼馅水饺，可谓别具风味。老天津厨师还能将黄花鱼、偏口鱼（比目鱼）、牙片鱼（鲆鱼）等做出好吃的水饺馅来。"食不厌精，脍不厌细"可形容另一特色——鸳鸯水饺。它的馅料包括鲜肉末、蟹黄、虾肉、海参、鸭脯肉、韭菜（白根）及多样调味料。用鸡蛋和面，且需先分开蛋清、蛋黄，分别和出白面、黄面，白面皮包鲜肉蟹黄馅，黄面皮包鸭肉虾肉海参馅。有意思的是，要把一个白饺、一个黄饺的肚对在一起，接着捏拢（两半圆组成的）圆边，可捏单褶或双褶花边。双色、双馅、双味，喻鸳鸯，是水饺，又像合子，喜庆大吉利。

以鸭肉为主料的鸭肉馅水饺曾是名吃。其馅讲究选填鸭肉切末，先用少许高汤调一调，最后加进对虾肉、韭菜等。旧时人们夸天津卫好，叫"吃尽穿绝"；这似乎也体现在更高一档的鸭肉水饺馅里。怎讲？那俏头不用虾肉，而特选蟹黄、韭黄、蛋黄，称之为鸭肉三黄水饺。冬季天津紫蟹（子蟹）满黄顶盖肥，韭黄更是清香，素来是"冬八珍"的重要品种，把这些珍馐一起包进饺子里，那真叫"盖帽儿了""没治了"。

用鸡蛋清和面的朱砂水饺也值得一提，它在20世纪80年代被写进天津特色食谱。朱砂指什么？鸭蛋黄。读一段关于朱砂水饺的顺口溜即可知大略：鸭蛋取黄把馅掺，笋末干贝（水发）拌中间，皮薄馅大盛一碗，风味独特略咸鲜。有人

老妈妈包的过年团圆饺子

在此馅基础上可能再加些熟牛肉末，口感肥上加鲜更有层次。包朱砂水饺可用挤的手法包成月牙大肚形的（为多装馅），或浇高汤一起吃。也有包成小饺子的，与火锅搭配，随煮随吃，就图热饺子烫嘴的感觉。老天津的白肉水饺也属火锅水饺，馅料选熟肉（白肉）、紫蟹肉、熟虾仁等，配少许韭黄，包成小饺，是大铜锅涮肉餐中的精致主食。

说花样，旧津市面上还有山东风味的炸酱肉馅水饺，为肉菜馅，与一般的区别不大，特色是调馅时要加入现炸的面酱，炸酱过程中照例加葱姜等煸香炒香。此外，老天津人早就会用绿叶菜汁和面，包出翡翠饺子、合子，与现在的高档彩饺、水晶饺无异。

饺子变体"姊妹"多

细说起来，"饺子"实为类别大概念，我们常见常吃的当然是煮得热乎乎的水饺，其实它衍生的变体美食也不少。在天津，水饺的第一个变体是合子，以素馅的，尤其是韭菜馅的为主。用一个饺子皮托着大馅，再用另一个皮覆盖、捏合，还可围着圆周捏上花边，谓合子。

"卫嘴子"热衷吃合子，春节期间尤其连续不断吃，早有"初一饺子、初二面，初三合子往家转"的民俗讲究。这里的"转"与"赚"同音，寓意财源滚滚来。正月初八、十八、二十八还吃，叫"合子夹八，越过越发"；正月初九、十九、二十九再吃，俗信"合子夹九，越过越有"；正月十一、二十一照旧吃，人称"合子拐弯得利多"。

另外，津人在正月二十四晚间打囤、正月二十五过填仓节。此民风多流传于城市人群，广大农户人家守着粮囤谷仓，类似风俗则有所变化。过节，很多农人同样热热闹闹，他们讲究包一顿在平日舍不得吃的鲜肉馅水饺，俗称填仓；或做一顿合子，图其包法与寓意，称盖仓。

还有一种大个的半圆形的合子，非水煮，是不用油烙熟的，也算"干烙儿"的一种。另外，也有人用油煎，也有人包成圆饼样的，叫合子饼。说到干烙儿，老天津确有此吃食，比如面皮包馅包成小而圆的饼状，上面有个小面鬏，上锅烙，它已很近似（油煎的）馅饼了。

锅贴，是水饺的又一重要变体。不用水煮，用铛用油煎。把饺子整齐摆在铛里，似贴的动作，所以得名锅贴。"妈，咱吃嘛饭？""没看我正弄西葫羊肉馅呢吗，给你贴点儿锅贴吃。"老天津主妇习惯说"贴"，而不说煎。当然，也有人干脆就说煎饺，这现包现煎的煎饺，与吃剩下的水饺待下一顿用油煎热是两码事。昔日，津人俗称包成饺子样的叫锅贴；只捏合面皮中间，两端露馅口的叫"老虎爪儿"，它以鲜肉韭菜馅、三鲜馅的居多。出锅时，五个老虎爪儿为一组（溜、排），金黄底嘎面朝上，看上去像老虎爪子，故得名。老师傅说，煮饺子忌讳皮破、漏一锅馅子汤，而煎锅贴忌讳煎糊、粘连，都影响卖相。这吃食大有说道，笔者曾撰《莫衷一是的"锅贴"与"老虎爪儿"》，可细读。如今，老虎爪儿在津仍"大行其道"，因底嘎相连成片，薄薄的、脆脆的又似透非透，所以人们美称"冰花大锅贴"。

馅食（馅子货）中还有传统风味"回头"，它是煎饺、锅贴的变体。它不是饺子、合子样，而是长方形的，两端口（馅口）需往回折一下，加油加水煎熟，得名回头，但与圆圆的馅饼、肉饼、肉火烧已很接近。

旧年街市上的饺子铺生意一般都不差，有单卖水饺的，有兼营水饺、锅贴的，还有炒菜、米

干烙儿合子饼

饭、水饺啥都卖的二荤馆（中档饭馆）。到了夏季，有些卖水饺的小店也临时改卖锅贴，原因是水饺新煮出来太热，俗称"热口"，而锅贴温着吃也不会太走味。一般饭铺都预备独流老醋、宝坻大蒜，另备饺子汤、稀米粥可免费喝。高级饭店冬春卖小米粥，夏秋卖小米绿豆粥，且有小咸菜可吃。

锅贴食俗

无论是煎饺锅贴，还是老虎爪儿，在饺子美味的基础上又加了油香与脆皮口感，自然吸引食客。在老天津民间，特别是夏季，有些人还有一种别开生面的吃法，比如用油盐大饼卷（夹）锅贴吃。

三伏天热浪似火，但一日三餐不能停，人们为少受热，习惯在清早起来就生起煤炉或快炉（体量小，仅烧柴），趁凉快抓紧做饭，预备三顿吃食，常见妇人们熬锅绿豆汤、烙几张饼、蒸锅素包子、做些锅贴等。饭得了，立刻把火灭掉，可有效规避热源。到了饭点儿，一般再拌点儿黄瓜、粉皮、西红柿之类当凉菜，或买烧鸡、酱肉、羊杂碎等熟食即可。热天吃锅贴的原因还有一点，现包现煮饺子太热"吃不到嘴"，而吃锅贴则不然，它外裹油汁，夏天凉得也比较慢，加之大饼稍凉也照样好吃，所以用饼卷上几个锅贴，温热口感正合适，省得吃热饭出大汗呢。

上述两点原因、食俗为饺子馆、锅贴铺，特别是走街串巷的小贩带来了好生意。近傍晚时分，挎提盒的小贩便开始串胡同卖起锅贴来，所售以西葫羊肉馅的、三鲜馅的居多。锅贴都是新出锅的，往往放在白瓷盘里，一盘约50个。提盒有三层，放三盘，大致150个锅贴。正是饭口，小贩不一会儿就卖完了，需赶紧折返回铺子取货，来来回回汗津津地赚点辛苦钱。

金黄"冰花"大锅贴

　　他们取货往往有固定的饭铺，无特殊情况不会随意换家。为啥？多数天津人吃东西有个习惯，即"认人儿""认牌子"，假如张二伯觉得谁家的锅贴好吃，王大妈常吃某小贩的锅贴，一来二去吃顺口了，以后自然就总买他们的。如此，基本固定了买与卖的链条，所以若随意换上游饭铺，是很容易伤主顾的。

　　少数饺子馆、锅贴铺也做夜宵生意，同时联动着小贩。他们大致在晚九点左右走一趟夜街，买主儿大多是回家晚还没吃饭的，以及打牌、娱乐后又饿了的人。天津小贩走街串巷卖锅贴约持续到20世纪40年代初，后来时局不稳，民不聊生，许多行商贩夫小生意随之消失。

　　说到饼卷锅贴的吃法，也让人联想到水饺、锅贴就饽饽、馒头，有些老天津人"习惯"这样吃，尤其是吃肉丸馅、三鲜馅肥水饺时，似乎别具风味。所谓"习惯"不过是因过去日子穷，饺子实属好饭，怎可能隔三岔五由着性子吃呢，就算包一顿往往也不能足量包够。或因家里孩子多，只好每孩儿分不多，而就着饽饽饱腹，即便如此，依然吃得香喷喷、美滋滋的。教育工作者王化治有回忆文字说："幼年时家境清贫，母亲怕我们受委屈，就时常不断地到一条龙小馆花两角钱买四个大锅贴，让我们就着玉米面窝头吃。看着我们狼吞虎咽地吃，父母坐在一旁开心地笑。"

　　天津食客吃锅贴口味越来越高，一些名店也随行就市推出"人性化"服务，经久传名的"各馅锅贴"便值得一提。老天津中立园、天一坊、十锦斋皆有这种锅贴，也算一种吃法。

　　饭馆大致准备鲜肉、虾仁、鸡蛋、海参、西葫、白菜、韭菜等多样馅料，顾客依自己的口味可随意点其中几样组合，师傅现包现煎，类似的做法在当时俗称"各馅锅贴"。后来，"各"字在民间说来传去被误读成"鸽"音，叫"鸽馅"了，算是一趣。其实在1936年版《天津游览志》中说得很清楚："熟主顾实（实际上，笔者注，下同）多变（变着花样）吃其（指天一坊、十锦斋）'各馅锅贴'，认为味美价廉，'各馅'尤言特别馅，里面有虾仁、蟹肉、海参、鸡子（鸡蛋）等。普通馅则只有肉而已。价钱，普通的每十个八分钱，'各馅'则一角以上。"

老店顾客总盈门

天津传统风味白记饺子鼎鼎大名，如今已成为非物质文化遗产项目。白记饺子馆的前身白记蒸食铺由白兴恒创始于清光绪十六年（1890年），原址在金华园大街沟头胡同，以甜馅蒸食、素饺、素包最拿手。1926年白兴恒之子白文华将店铺迁至侯家后鸟市开办了白记饺子馆。他家的饺子在用料上特别用心，选羊肉肋条肉并搭配上好的嫩牛肉调馅，也会根据不同季节调整肥肉、瘦肉比例，一般冬季是肥四瘦六，夏季是肥二瘦八，始终恪守传统，风味独特，生意自然红火。

1949年1月天津解放后，白记饺子馆的发展更加蒸蒸日上，然进入"文革"时期被迫闭店。1982年白记饺子馆迁址和平路恢复营业，为适应食客不断提升的口味需求，白记饺子馆又新添鸡蓉馅、海鲜馅等多种特色水饺。

再说中立园，他家的锅贴让人回味绵绵。中立园位于东门里大街东口，最初名叫东玉恒，传说开办于清末。中立园有几样吃食最吸引食客，其中的老虎爪儿"各馅锅贴"堪称看家饭食，还有打卤面、油盐饼、炒菜（糖醋鲫鱼尤佳）等。民间传说，张伯苓、陈芝琴、陈锡三、雍剑秋等社会名流都喜欢到中立园吃饭，大书法家华世奎还曾为其题写过匾额。

老南市"三不管"算得上市井小吃窝子，东兴街平安影院

（后长城影院）对面平房片有家小酒馆叫文华斋，以坛子肉著称，同时售卖的锅贴也很馋人。这一带还有黑记饺子馆，位于平安街丹桂影院（后南市影院）对面，该店的羊肉大葱馅水饺薄皮大馅，小有名气。

20世纪40年代，北门外大街（路西，近北大关）有生意不错的一条龙饭馆，油香的回头、三鲜锅贴挺受人欢迎。面案、炉灶在店内一角，大盘里堆满鲜肉白菜馅，馅表面撒满虾仁、鸡蛋、海参等，真材实料让人心明眼亮。到了饭点儿，两口大铛轮番煎锅贴，油香四溢，供不应求。再说北门外往东就是东北角官银号，

中立园饭馆旧影

那里的玉顺楼做锅贴也比较出色。老城西南角一带的居民若馋了，可近水楼台去吃恩庆和羊肉水饺，据《津门传统食品小志》载，该号开设于1921年。

昔日三岔口、大胡同一带有处鸟市（今影院街周边），号称百姓乐园，街市熙攘，包括饺子馆、锅贴铺在内的大小饭馆鳞次栉比。鸟市卖水饺的店铺除白记之外，还有刘宝林饺子馆等。卖锅贴的有德发成包子铺（绰号黑白脸包子）、保发成包子铺、三胜涌饭馆、许记饭铺等。

天津食俗民风也引起记者的注意。自1933年11月14日《大公报》连续在副刊登载《天津市的小饭馆》系列，作者是该报新闻记者林墨农，他记录的《宵夜饭馆各式皆备》《饺子大饼别具一格》《秫米饭铺点心齐备》等皆洋溢着十足的烟火气。文中也提到饺子馆里的老虎爪儿锅贴，称"饺子铺为供给迅速、伺应敏捷起见，多在午饭前很早把饺子煎出一些，放在一旁，到饭口忙时，只重新放在锅里加上香油，便可卖钱"。

蒸饺个大味又美

津味蒸饺又是一大传统特色，它有发面的、烫面的两种。发面蒸饺的馅料以牛羊肉馅为主，或是加菜混合馅的，也有清素馅的，它的面皮洁白光亮，比较暄软。老味鸭油包值得一提，往往包成麦穗饺的样子，汁多味厚挺解馋。

烫面蒸饺比发面的个稍小，和面时讲究按四季调整水温来烫面。其馅料主要选新鲜牛羊肉、蔬菜、虾仁等，刚下屉的烫面饺外形似羊眼，面皮半透亮且不塌，薄皮大馅，更显馅汁，像牛肉蒸饺、芹菜牛肉蒸饺、茴香牛肉蒸饺、羊肉蒸饺、西葫羊肉蒸饺、胡萝卜羊肉蒸饺、三鲜蒸饺、冬瓜虾仁蒸饺等，一直深受百姓欢迎。

昔时南市增兴德的蒸饺算得上一大品牌。增兴德初创于1912年（也有1923年一说），地点在东兴街与荣吉街交口，铺面是二层小楼，门头楼上外跨阳台，安装着铁艺雕花栏杆显气派。增兴德最初由刘福寿经营，后来转给张春荣（俗号张八）。该号的烫面羊肉蒸饺馅内特加浮油、羊尾油，口感更显肥厚。1931年版《天津志略》中载饭店、食堂、零食铺名录，其中就有增兴德，此资料显示，增兴德当时还兼营牛羊肉，这样一来也能充分保证食材品质。增兴德蒸饺受青睐几十年，市民赵杰回忆道："在七十年代末，我每月发工资后带着一双儿女一家四口到这家饭馆吃蒸饺，至今孩子们一想到吃蒸饺的情景就津津乐道，感到非常幸福。"

　　还要说到庆发德，开办于1927年，店主谢国荣，经营炒菜、水饺的同时创新推出烫面蒸饺，因馅好味好旋即红火起来。那一时期，庆发德不仅延长营业时间至午夜，还推出外卖业务，派伙计提篮送餐送蒸饺。庆发德的食品也是吸引几代天津人的佳肴，有网友回忆："这蒸饺咬一口汤汁就出来了，现在是感觉有些油，但在过去那可是求之不得的。冬天吃一个饺子，醋碟子里一层白色牛油，这可是那时候人们的幸福回忆啊。"至今，老店仍在西马路等处纳客。

　　除上述常规行货滋味外，天津餐饮行还有不少高级花样蒸饺。比如四喜烫面蒸饺，馅料含虾仁、海参、鲜肉、玉兰片，包的时候用手指提起面皮，包成四角形的，中间捏紧，这样四角就留有四个孔洞，再在小孔里填上火腿、鸡蛋、菠菜、冬菇四样辅馅。这蒸饺样子特殊，色美味鲜，似点心。再如韭味蒸饺，包三鲜馅，面皮收口时在面口一角夹入一点儿嫩韭菜，要留半截在外面，蒸熟出锅时再拿掉。吃起来感觉韭香更能提升三鲜馅的滋味，却看不见韭菜。还有三皮蒸饺，它也是烫面的，所谓"三皮"即粉皮、鸡蛋皮、馃子（皮），馅里可俏少许韭菜。又如翡翠蒸饺，用油菜汁、菠菜泥来烫面、和面。不仅如此，天津也不乏海参、鲍鱼、鸭肉馅蒸饺，蟹黄、鸡肉、

老味蒸饺

肉皮馅蒸饺，以及以黄花鱼肉、蟹黄、韭黄、鸡蛋为主要馅料的四黄蒸饺等，实乃不胜枚举。

烧麦，也有人把它视为蒸饺的变体，它的俗名多样，如烧卖、稍麦、纱帽（据其形）等。烧麦最好看的地方是顶上，半开半合的馅口处有像荷叶样（或芙蓉样）的褶花，擀这种面皮需用橄榄形的擀面杖，擀出的面皮很薄且有瓣状花边。包烧麦时无须用力，面皮中间放馅，然后用手轻轻一拢一提即可。津味烧麦主要有牛羊肉馅的、三鲜馅的、菜肉馅的，素馅的以西葫芦、黄瓜、鸡蛋为主。

早在1912年，总号位于沈阳的马家烧麦馆就在天津南市清和街开了分号，因食材精良、风味独特而享誉几十年。白记饺子与烧麦也有交集，据白成桐在《天津文史资料选辑》中表述："在80年代后期，把南市马记烧麦馆也改为白记饺子馆，这样也满足了这一地区顾客。"

天津俗话形容"好吃不过饺子，舒服不过倒（躺）着"，说到底，最美不过家常味。

面面俱到最称心

　　捞面，在天津有很深厚的民生基础，日常正餐自不必说，逢年节、娶媳妇、嫁闺女、得贵子、过"百岁"、庆生日、迎客来、谢师恩、中大奖，乃至开张庆典、乔迁新居、金榜题名、加官晋级、大病初愈、逢凶化吉，天津人都要吃面条，曰喜面，曰寿面，甚或摆下热热闹闹的捞面席。再有，敬神祭祖是要事，此刻也需供上一碗面并插上供花，以表诚心。

　　民以食为天，食以面当先。在天津吃捞面是一种仪式，饱含对美好生活的希冀。能把捞面办成大有讲究的席面，可谓"卫嘴子"的一大创举，独步天下。

　　捞面好吃，擀面不易。老手艺要把大面团和得不软不硬，需醒发小半天，接下来用力将面揉光揉圆。擀面用三尺长、胳膊粗的大擀面杖，匀力推、压、拉、抻、滚，一边撒面粉一边将面片卷在擀面杖上反复擀，直到轧成大大的面片。像风琴状折好，用快刀

老年间的饭铺幌子，下垂的纸穗象征面条，店内有供应

切条，老师傅、巧媳妇切得又匀又快，很见功夫。

天津传统捞面席食单上常见"干窝面一桌"等字样，实际上就是新鲜的面条。"干窝面"一词大致源于中原地区，河南有"窝子面"或"窝面"说。"窝"字缘何而起？吃捞面离不开笊篱，旧时的笊篱用柳条、竹篾编制，样子如稍深的兜，不像今天的金属笊篱浅浅的。民间传说，有人发现柳条笊篱像燕窝，窝中捞面，于是就为面条取了个"窝"字，窝子面随之一传十十传百被叫响。老年间的大车店（低级客栈）就在门前挂个大笊篱，表示店内提供面条之类的简单饭食。

再说"干"字，非干燥干硬之意，也不是现下常见的包装好的干切面。面条的吃法一般有干、湿两种，所谓干，就是面条煮熟捞出用调料配菜拌面吃；所谓湿，就是带汤的面条。天津人俗称带汤的面条叫面汤。在天津，捞面、面汤是两码事，面汤稀溜溜，一般是吃罢主食以后"灌缝儿"求舒服，至于天津面汤、炒面也不胜枚举。

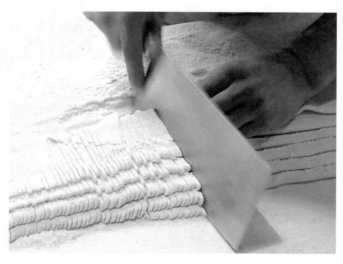

切面

伊府面，算得上是普通面条的"升级版"，它也出现在天津捞面席中。伊府面简称伊面，素有故事，有关其源起，广东、福建、郑州等地皆有说道，莫衷一是。关于伊府面由来的传说，坊间最有鼻子有眼的是清乾隆年间扬州知府伊秉绶家厨首创。扬州美食如云，伊家厨师结合中原做面条的方法，采用江南调味技巧，不用水和面，改用鸡蛋，面的风味自然别具一格。老天津还有名吃伊府高汤水饺，那饺子面也是用鸡蛋和的。伊府面可现做现吃，也可煮熟晾干油炸后保存。伊府面后来流传各地成为经典，可谓方便面、速食面的"祖师爷"。

天津捞面席所上面条四季不尽相同，比如春天吃干窝面，夏秋时节吃伊府面，冬季则为抻条面（旧称大面）。不仅如此，"卫嘴子"也爱吃柳叶面、猫耳朵面、刀削面、单根抻条面（小刀面）、拨鱼面、绿豆杂面等。另一"哏"食，即面条、饺子同时煮，俗称"龙拿猪"或"龙拿珠"，比喻面条如游龙，饺子像小胖猪。假如煮面时再氽些玉米面杂杂入锅，津人又戏称为"王八拉纤"，想必是那长长的面条被视为纤绳。

如今，五彩面更贴合健康饮食理念，菠菜汁、黄瓜汁、西红柿汁、胡萝卜汁、南瓜汁、紫薯汁等赋予素白面条缤纷色彩，实乃色香味形的完美结合。

荤素卤极尽能事

津味打卤面堪称一绝，卤是捞面的灵魂。卤子香，贵在用高汤打卤。捞面卤特别以三鲜卤最具特色。天津人俗说天上飞的、地上跑的、水里游的——鸡蛋（鸡似凤）、鲜肉、虾仁（或虾干）为三鲜，还要配上面筋、香干、木耳、黄花、香菇、腐竹等。说到那面筋，一定要选清油现炸的，投料时讲究手撕成块（片）加入卤中。那香干（豆腐干）要吃北大关老字号孟家酱园的"孟"字牌香干，口感咸香筋道，配菜炒香干也用它。卤子打好见开，最后还要淋鸡蛋液，好似芙蓉浮在水面一样漂亮。

津沽依河傍海，河海两鲜俯首可获。更高级的海鲜卤、螃蟹肉卤、皮皮虾肉卤等对于天津卫那也不叫事儿。食材更丰富的要数全家福卤，也称烧海杂拌。主料有海参、虾仁、瑶柱、鱼翅、鲍鱼、鱼肚、墨鱼、鱼唇、鸡肉、鲜肉、玉兰片等，出锅时最好淋一点花椒油，提味且遮腥。

其实，普通家常捞面打一般的荤卤足矣，不必奢侈。做法大致先用八角、葱、姜炝锅，然后煸炒肥瘦相间的鲜肉片，放面筋、香干、木耳、黄花、香菇等，再加酱油、料酒、盐，后添高汤（或水）烧开，勾薄芡、飞鸡蛋花、点香油接续完成，如此出锅，香气四溢。

追求"洋气"的人也会吃奶汁全炖卤（奶汁烩全丁），主料以鸭肉、鸡肉、鲜肉、玉兰片、口蘑、香菇为主，烹制时适量加鲜牛奶与高汤，不加酱油。奶汁卤颜色清爽，口味清淡，似乎多了几分"小资"感觉。

天津人爱吃的西红柿鸡蛋打卤面、醋卤面，简单易做，成饭快捷，酸爽下饭。做醋卤一般是热锅凉油爆香八角（也可用少许花椒，或成卤后淋花椒油），然后翻炒肉末、葱末、姜末，或加少许干红辣椒，再放香醋、糖、酱油、料酒、盐。起锅后稍等散热，酌情加葱白、蒜末搅拌均匀，也可撒些香菜提味。

昔时的馃子卤吃起来也很"爽"。馃子卤又称酱豆腐素卤，现下少见了。天津的脆棒槌馃子顶呱呱，是做素卤的首选。老人们说做卤无须炝锅，把馃子切成小块，与酱豆腐、盐、味精、酱油、葱花等一起放入大汤碗中，再用沸水沏开，最后撒点香菜即可。如若炝锅，可加一点八角，最后适量勾芡。馃子卤汤清素味足，自有风味。

花椒油麻酱面又是津沽家常捞面的一大亮点，凉热皆宜。炸少许花椒油，把芝麻酱调稀，再配些许时令菜码，用冷水把热面过凉，拌上一碗，真是既凉爽又有层次感。

西红柿卤面、醋卤面、馃子卤面、麻酱面以及茄子卤面、青椒肉丝拌面、肉末豆角拌面等，是老天津人在盛夏时节喜欢吃的家常饭。

老少皆宜的打卤面

炸酱面老少皆宜，但炸一碗好酱并不简单，天津妈妈炸酱钟情传统甜面酱（非黄酱、豆瓣酱，津人不习惯吃），肉不能太瘦，肥瘦相间最佳，要切丁。文火炸酱不能急，慢慢炸到肥肉透亮、酱显油汪汪才叫好。炸酱忌太咸，酌情加糖更能提升口感。肉炸酱还衍生出鸡蛋炸酱（可加青椒）、虾皮炸酱等。时下，炸酱面已成为不少饭馆的招牌美食，大有盖过打卤面的势头。另外，各种拌面酱风行当今市场，也在一定程度上满足了青年人的速食需求。

昔年还有一种相对小众的汆子面，大致是从北京传来。汆，一种烹调方法，比如汆丸子汤。做汆子面之前要把各样食材切成小丁，把蒲菜劈开切成寸段。高汤烧开后放入肉丁、海米、笋丁、蒲菜等，加盐、料酒再煮沸，随之浇到面条上。汆子面汤鲜味美，类似浇头面。老天津汆卤的做法更像"倒炝锅"，提前用调料煨肉片、海鲜入味，然后将其倒入沸汤，勾芡成卤浇面上。

寒冬腊月，有人爱吃羊肉炒白菜拌面。花椒炝锅煸炒羊肉末，加上天津特产的青麻叶白菜罗圈丝，还可配一点面黄豆、辣椒油等。

天津捞面卤花样百出，且随时令而变，正应了那句老话——铁打的捞面流水的卤。

"四碟"应季抢鲜

　　天津传统"四碟"打卤面最隆重、最讲究，堪称一绝，简称四碟面。为什么要四碟呢？老辈人过日子图的是四平八稳，期盼好日子长长久久，四碟面恰契合此意。

糖醋面筋丝

　　与面、卤相配的四碟炒菜实则不局限于四样，即任选四样，且有高低之分。高档的有炒青虾仁、炒鳝鱼丝、樱桃肉、金银丝（里脊丝和鸡丝）、熘蟹黄、烩海参、桂花鱼骨、炒鸡蓉鱼翅针、韭黄肉丝等。中档的有熘鱼片、木樨虾仁、炒肉丝、摊黄菜（炒鸡蛋）、糖醋面筋丝、炒蒜薹、炒青椒等。低档的有韭菜炒鸡蛋、香干肉丝、肉末炒粉丝、炒豆芽菜、炒合菜等，更接近家常捞面。各档菜品的界定、选择有见仁见智、客随主便的一面，但四碟炒菜的档次在相当程度上决定着整桌捞面席的品位。

　　寻常待客的四碟炒菜一般要保证上一碟河海两鲜菜，一碟酸甜滋味的菜，最叫座的要数清炒虾仁和糖醋面筋丝。四碟炒菜同样追求细节，比如虾仁讲究用游水活虾现剥，它饱满肉甜。嫩韭黄是老天津冬令四珍之一（其余三者为银鱼、紫蟹、铁雀），相对金贵，炒香干、炒豆芽时都要俏一点提味。糖醋面筋丝酥香爽口，有时还要点缀几丝豆芽菜俏色。至今，清炒虾仁、糖醋面筋丝、香干肉丝俏韭菜等几乎是吃四碟捞面的必点菜。

高级捞面席也有四季之分，浏览老食单，可重点关注其中四碟炒菜的变化。春席上炒晃虾仁、桂花干贝、熘蟹黄、烧鱼丁，夏席上鲜豌豆炒虾仁、炒龙凤丝、红烧干贝，秋席上炒青虾仁、黄瓜炒河蟹肉、软熘鱼扇、银针面筋丝，冬席上炒玉带虾仁、韭黄银针面筋丝、熘紫蟹、桂花鱼骨。

素捞面席的四碟炒菜有什么呢？常见烩素冒（帽）、熘南北、焦炒面筋丝、烧双菜。其中的烩素冒乃津味特色，它是油炸豆制品，老厨师用姜末、香菜炝锅，加白菜、菠菜翻炒，添高汤、酱油等煮开后下素冒、面筋、酱豆腐糊，盖锅稍焖后勾芡，出勺前点香油、撒香菜末。

时蔬菜码颜值高

　　打卤捞面配上四碟炒菜似乎还不能满足天津人"大吃大有"上档次的心理，且要再配上四样菜码。

　　天津拌面菜码也是随时令酌情而定的，一般要焯熟切成丝，常规选胡萝卜、菠菜、白菜、黄瓜、绿豆芽、豆角、土豆、小水萝卜、蒜苗等。菜码装盘切忌混合，各摆各的，整整齐齐红红绿绿很好看。

五色菜码

　　上时蔬菜码的同时还需配水发好了煮面乎的青豆、黄豆，为嘛？加豆拌面一可添滋味，二如老辈人所言，面条好吃但要细嚼慢咽，配豆子恰好可以降低咀嚼速度，越嚼越香。喜面或敬神佛的供面，四面码上讲究点缀一点红粉皮，如此，浓重的红进一步升华了朴素的菜码。相声大师侯宝林早年在津演出之余喜欢吃捞面，曾幽默地将那各色菜码比喻为"外国人送的鲜花"。

　　天津面卤、炒菜、菜码，无论大席还是家常，其实并没有刻板固定的食单，皆四季变换更新，抓鲜吃，应景吃，这样食客们才能百吃不厌，常吃常新，从而传承至今。

难忘抻条面

老天津有句俗话，责问某人办事慢吞吞拖沓不利落——你吃惯抻条面了是怎么着？逆向解读，一个"惯"字道出传统抻条面是老天津人心心念念的美味家常饭，老少咸宜。

山东饮食对天津多有影响，鲁菜也是津菜的基础。抻条面源起于山东福山，传说早自清乾隆年间。福山在哪？在山东半岛东北部，现为烟台市辖区。抻条面在当地又称福山大面，抻面、打卤都挺讲究，特别是早年盛面用的砂陶碗是香油浸泡过的，可谓香上香了。后来，抻条面传到华北、东北等地，以天津、北京（当地又叫把儿条）最为流行，久而久之在中国名面榜上还享有一席之地。

自清末民初，厨行福山帮就活跃在津城。海河三岔口以南、南运河畔旧有天津平民百姓的消闲乐园——老鸟市，即现今大胡同金钟桥、影院街、新开大街一带。这里也是美食窝子，抻条面即在此落地生根（另有南市一带），并很快成为经济实惠、众人爱吃的三餐常食。

抻面是技术活儿。和面时加少许盐和碱，多揣多揉，还要醒面、摔面、溜面，待面团顺滑后擀成约一指厚的长圆大片，接着切成粗面条（俗称打条），如此才能"为所欲为"地抻面，或粗或细随心意。抻条面现抻现煮，需等，有些人饥肠辘辘，真可谓翘

捞面必备笊篱

首以待，恰应了常人所言"饿了才香！"沸水煮熟，加菜码，浇卤，荤素口味各有所好。天津人吃抻条面、捞面最讲究菜码、卤，花样品种多，甚至近乎奢侈，大卤、三鲜、海味、炸酱等一应俱全。一碗热乎乎的抻条面可多汤可少汤可干拌，还可做勺烩等，面条爽滑筋道有嚼劲，鲜香满口，风味独具，真让人大快朵颐。

在老鸟市一带卖抻条面的以天合面馆、郑记面摊比较出名，这两家的店主皆为北京人。天合店主张廷珍，经营各种卤的抻条面；郑记店主郑二巴，经营单根抻面，俗称小刀面，备七八种卤。还有一家小铺被人戏称为"六国饭店"，实名更生小馆，店主李如意。他起初卖杂烩菜，食材实际上是各大饭店剩余的边角料，缘此得名，小馆后来改卖抻条面、捞面等。另外，天祥市场后门附近也有家抻条面馆，40年代末曾红火一阵。面馆生意利润不薄，自有生存之道，似津味俗话调侃："坑人的大饼，楞（lēng）人的面（条），烧饼、馃子也不善。"

说到底还是家做饭食实惠、可口，抻条面在民间尤其成为许多巧手媳妇的拿手好戏。作家梁实秋喜欢吃抻条面，他曾在《烧羊肉》中写道："买烧羊肉的时候不要忘了带碗，因为他会给你一碗汤，其味浓厚无比。自己做抻条面，用这汤浇上，比一般的牛肉面要鲜美得多。"最暖心的是家常炝锅热汤面，宽汤大滚，面与汤的滋味充分交融在一起，很上口。特别在寒冬，一碗炝锅面足以让人感到家的闲适与温暖，像作家汪曾祺笔端所记，他平平静静，没有大喜大忧，没有烦恼，无欲望亦无追求，天然恬淡，每天只是吃抻条面、拨鱼儿，抱膝闲看，带着笑意……

食俗食趣也因生活发展而变。新中国成立后随着机制切面、挂面进一步普及，加之职工时间不宽裕，人们多买切面图便捷，吃抻条面的少了。改革开放后饮食日趋丰富，可有些人却越发怀旧起来，抻条面再度端上餐桌。1985年天津南市食品街开业后专设一家抻条面馆，据载，厨师还曾到日本表演抻面，被誉为"不可思议的艺术杰作"。今天，抻条面又成为有的火锅店的招牌主食——现抻单根面，酷似老鸟市那营生。看小哥在餐桌前闪展腾挪，看面条上下抖动赛银蛇飞舞，也是一种享受吧。

大小面馆有钱赚

术业有专攻。家常擀面条之外，尤其是办喜事待友朋，天津人认为切面铺的面条更好更体面。旧时的切面铺卖鲜切面、干挂面、面食等，有时也卖几样简单的饭菜，供贩夫、力工或穷学生临时填饱肚子。前面说大车店挂笊篱幌，那切面铺挂什么呢？切面铺挂面笭幌——柳木笼屉圈上粘满多层红色纸条，随风飘动，引人前来。

醋卤面

民国时期天津大胡同三岔口河北鸟市一带商贸繁盛，热闹熙攘，这里也是美食的天堂，大小饭店鳞次栉比，好吃的捞面当然位列其中。比如祥顺居卖炒菜、捞面、大饼，天合面馆卖京味大把儿抻条面，更生小馆卖捞面，金升号卖刀削面等，各家都备有多样拌面卤，满足不同口味需求。

小买卖捞面自然不能与大饭店面席同登大雅之堂。食不厌精，脍不厌细，老天津大饭店有五卤面席，三鲜卤、醋卤、花椒油、芝麻酱、炸酱一应俱全。更上档次的全套包括四冷荤、四炒菜、四面菜、四面碗、四面码、双上红白两面卤等。红卤指肉卤、三鲜卤，白卤指素卤、海鲜卤、奶汁卤，极尽奢华。

　　不仅如此，还需加四配碟，有花椒油、辣椒油、香醋、蒜瓣。就说蒜，有的上切好的"凤眼"蒜片，有的上捣好的蒜泥，也有的上剥好的蒜瓣。天津人吃白白的蒜瓣俗称"牙捣"，细想这词有趣，算是"老饕"的小智慧吧。

民俗民风多趣

夸女人心灵手巧是居家过日子好手，老话形容：炕上一把剪子，地上（灶上）一把铲子。老天津童谣唱："俺家的媳妇会擀面，擀成纸，切成线，下到锅里团团转。"会不会擀面条、做卤面、包饺子，是旧年衡量妇女是否贤惠的重要标志，宽的、细的、软的、硬的，有美味让全家老小随心吃，街坊四邻定会赞声一片。

在老天津，面条也是挺体面的礼品。婚礼前一天上午男方要持礼单、拜帖郑重其事地到女方家送催妆礼，众人抬着几个带屉的大礼盒，其中有新娘所用新装、饰品，还有给亲家的礼物，比如鸡鸭鱼肉、喜饼糕点、干鲜果、蜜饯等，且一定要备好新鲜喜面切面若干，摆在浮头儿显眼处，皆大欢喜。

初一饺子初二面，四碟捞面特别成为招待女婿的佳肴，仪式感颇重。天津男人会做饭的不在少数，但无论平时在自家如何伺候媳妇，甚至"妻管严"，到了初二回娘家这天也很少上灶台操持捞面，就剩专心陪老岳父喝茶、打牌、聊天了，显得倍儿有面子。

天津风俗中的"长接短送"与"上马饽饽下马面"之说如出一辙。满族风俗中的饽饽泛指面食，也包括饺子。类似还有"出门饺子还家面""送客饺子迎客面""起脚包子落脚面"等。有人要远行前以饺子为之饯行，出门在外的家人归来或贵客莅临，天

长长久久是寿面

津人会以捞面招待。欢送，送君千里终须一别，所以不要过分难舍，饺子饱满，圆圆满满，期待后会有期。饺子似元宝，送行吃饺子也有"穷家富路"的内涵。喜迎，面条长长表达期盼心情，恨不得净水泼街黄土垫道迎出十里八里才好。面条之长也有"常"的意思，寓亲情、爱情、友情常在，彼此常来常往。尤其对于漂泊异乡的游子而言，在他们心目中，面，是一盏灯，照亮回家的路。

民间久有"冬至饺子（馄饨）夏至面""吃过夏至面，一天短一线"等说法。夏至，也称夏至节，早在周代就有祭神仪式。入夏后北方小麦陆续收割，人们用勤劳的双手换来丰收的喜悦，享受着新麦滋味——吃捞面、包饺子、蒸馒头。华北地区的人在夏至特别喜欢吃凉面，曰降火开胃。清人潘荣陛在《帝京岁时纪胜》中说："是日，家家俱食冷淘面，即俗说过水面是也。"也有人喜欢在当日吃热面，说多出出汗可祛除体内潮暑之气，有"驱邪辟恶"之意。

夏至三庚数头伏，天津又有"头伏饺子二伏面"的食俗。然而，清康熙《天津卫志》记农历六月初六这天"暴晒书帙、衣服，造曲、造酱，饮豆汤，食面"。乾隆《天津县志》更详确表述六月"初伏日，食面"。此说也延至同治《天津县续志》中。大致到了民国时期初伏吃面习俗产生了变化，1931年铅印本《天津志略》云："入伏，有饮食期，初伏面饺，二伏面条，三伏则为饼，而佐以鸡蛋。"

再聊"头水饺子二水面"，在津沽，爱吃第二锅面条的大有人在。因为做面条时一般会在面里加少许盐、碱，所以煮过第一锅后，面条的滋味已融入煮面水中，比第一锅清水更有滋味。天津捞面席常在最后上一碗原汤，那汤味并不清寡，美其名曰"原汤化原食"。有人爱吃立马捞出的"锅挑儿"面，无须过清水，喜好者图它那点汤味与黏滑感。有人爱吃过水面，不黏，图清爽利索。煮面的原汤也是宝，天津妇人有小妙招，用它来刷洗碗筷，清洁效果不错。

旧生活"妈妈例儿"数不胜数，其中说煮面条、捞面条忌讳掐断，尤其是煮生日面、长寿面时往往"如履薄冰"慎之又慎，妇人们唠叨若掐断就好比折寿减寿云云。其实不过是美好心理暗示罢了，没有多少人会当真的。

逢吃捞面，天津人就会拿出大碗，俗称大海碗。碗大，可面条一次不宜盛太多，一是捞面趁热吃最好，以免后半碗面凉了粘坨不是味，讲究少挑多回碗，与老北京人用小碗吃炸酱面如出一辙，吃"小碗干炸"且有吃一碗煮一碗的风俗呢。二是以免"眼大肚子小"，比如初来乍到的外乡食客见捞面席丰富至极，不禁食欲大增，一下就盛了满满一碗面，那接下来的炒菜、菜码往哪放呢？吃得消吗？所以，行家吃四碟捞面一般只盛三分之一或四分之一碗量即可，加上面卤、配菜等就是冒尖一大碗了。说到这儿，想起欧阳修的名句："醉翁之意不在酒，在乎山水之间也。"这不正是天津捞面的真实写照吗？

第六辑

新春美食吃呀吃

二十八，把面发

　　到了农历腊月"二十八，把（白）面发"的日子，老天津家家户户做面点、蒸馒头忙得不亦乐乎，除了常规的大馒头，什么枣的、馅的（豆馅、山楂馅、白糖馅为主）一屉顶一屉，再加上熬鱼炖肉，里里外外热气腾腾，迎年的氛围接近沸点。我们说，年的喜乐很大程度上就在香香的面食里，笔者曾写过同题文章，可延伸阅读。

　　为突出新春特色，老天津人有个习俗，就是待馒头稍凉时给它打上好看的红点儿。打点儿需用食红颜色，年前要到杂货店、化工店去买一小包。食色需小碟、小杯里加几滴水溶开。打点儿有专门的小工具，竹制的、木制的都有，比如它的前端均匀开出六个杈尖（中间一个，周边五个），轻蘸红色往馒头顶上一戳，那花点红红的煞是耀眼，民间传说类似点法（或单纯五个红点儿）有"鸿运当头"的寓意。别看打点儿工具不起眼，可家家过年离不了，也算年货的一种。昔日一到腊月十五买卖"上全街（音 gāi）"的日子，老天津宫南宫北、北门外年货集上就有卖土产杂货的摊子，这小工具往往与面食模子、排盖（盖帘儿）等炊具一起卖。

　　不买或家里暂时没有这打点儿小戳头也难不倒人——自制，比如用一筷子头为中心点，在其周围绑上几根火柴梗，打出来的点儿照样好看。还有人灵机一动想到大料瓣（调味料八角），选个

蒸食铺生意忙

周正好看的，捏着它蘸色给馒头打花点儿，那小花也很好看。图省事的干脆就用筷子头儿蘸色一打，或用打几个点儿来区分不同馅料的面食。后来，市面上出现专门刻出"福""喜""寿"字的高档小戳子，专供打点儿用。

为什么大家争先恐后发面蒸馒头呢？其一，当然是图吉利，"发"寓意新春有钱花，且俗信面发得越大越好，寓意发大财。其二，旧年天津人家有正月或元宵节前不动火的习俗（简单热饭，稍稍熥饭另当别论），目的无非是平日辛苦，尤其是迎年忙年更劳累，而过大年这些天需要充分休息休息，尽情享受一下快活日子。过去普通人家没有冰箱冷冻一说，人们在年根底下蒸好的馒头像小山一样，放哪？一般家庭都有几个面口袋，这时需提前把它们洗净，那些红点儿馒头就统统装进袋子，再放到水缸或竹篮子里，于厨房或屋外阴凉处存储，户外天寒地冻，面食十天八天坏不了。

过年的面食白透亮，再一打红点儿，红白互衬，转瞬为普普通通的馒头赋予了灵性，喜庆吉祥的氛围也"唰"地一下上来了。这风俗传承至今，与此同时花戳（木印章）也增添了许多样式，除了传统的五点花、六点花的之外，还有桃花、梅花、樱花、六瓣花、阳光花，以及"旺""财""发"字的，为新春美食生活平添了乐趣。

吃合子发大财

天津人过大年非常喜庆热闹，老百姓以最淳朴美好的民俗心理将好吃的好玩的，还有好的愿景，统统放进这段生活里，爱说"日子再紧也得富个年"。旧时物质条件有限，大家伙儿平常省吃俭用，闹新春哪怕倾其所有也要好好享受一番，快活一番，吃喝一番，期盼万事大吉好兆头。

老天津人讲究"初一饺子、初二面，初三合子往家转"，饺子、捞面在前文已经说过，我们继续说合子。

合子作为饺子的一种变体很受天津人欢迎，两个面皮中间夹上馅料，上下捏合成圆形，或者再为它捏一圈花边，象征家庭和美圆满。合子往家转，"转"与"赚"同音，寓意财源不断。正月初八、十八、二十八也吃合子，叫"合子夹八，越过越发"。正月初九、十九、二十九再吃合子，俗信"合子夹九，越过越有"。正月十一、二十一照旧吃合子，人称"合子拐弯得利多"。

为什么要不厌其烦地吃合子祈盼获利与财富呢？

所谓"合子"与古代的"权子母"有关。《国语·周语下》中说："古者，天灾降戾，于是乎量资币，权轻重，以振救民。民患轻，则为作重币以行之，于是乎有母权子而行，民皆得焉。若不堪重，则多作轻而行之，亦不废重，于是乎有子权母而行，小大利之。"意思是国家铸钱以轻重来权衡，价值高的重币为"母"，轻币为"子"，日常根据轻重来使用有利于民。后来，"权子母"也特别指成本与利润，"子"是利息，"母"是本金。延展开来，百姓俗称的合子利钱，就是投几分本获几分利的意思，认为做生意是大可获利的，这也就产生了旧时买卖人常说的"合子利"。

自清代中叶以来，天津已成为我国北方最重要的经济中心，街市商业繁华，里巷叫卖不迭，重商趋利蔚然成风。人们看重年节的美好，过大年期间当然在各个方面都要求吉利，说到饮食，两张面皮包馅的合子成为最合适的选择。其实，早年的天津人，特别是商人，在正月初二那天就吃合子了，这一天也是敬财神的日子。清道光年间的诗人周楚良在《津门竹枝词》中说："洁敬财神杯盏罗，朝餐攒馅是三和。愿郎今岁丰财货，合子拐弯得利多。" 这里的"攒馅"就是做馅、包馅的意思。"合子加八""合子加九"也寓意获利要比合子利还要多上八九成，就此周楚良又道："要它合子还加八，从此营生获利丰。"

圆圆的捏花边的馅合子，寓意往家转（赚）钱

老天津人正月里频繁吃合子，其实在大多时日里只是作为吃饺子的点缀，图吉利罢了。"合子拐弯"不仅是说日子过了整十拐弯了，也是说吃饺子要附带吃点合子。

天津人吃合子一般像吃饺子一样煮食，也有人爱吃烤烙的合子来调剂，俗称"干烙儿"。人们用美好的民俗心理赋予合子吉祥与风趣，为生活留下了遐想，年年的日子越"转"越火爆，招财进宝，事业盛达。

佳节有糕

庆佳节，合家欢，天津妈妈必备年（黏）糕，意在年年高、步步顺。年糕作为传统时令小食，最早源于春秋战国时期，过年吃年糕在明代《帝京景物略》中也有记载。

年糕以糯米或黄米为主料，浸泡后磨成粉和面蒸成。应时到节，老天津店铺里有专卖，品种丰富，如百果年糕、夹馅年糕、水晶年糕、红枣年糕、红白年糕、元宝年糕、顺风年糕等，口味各具特点。吃年糕必先敬神祭祖，在除夕夜要按黄历标明的时辰，行迎神、送神、燃香、上供等礼仪，供奉年糕祈福新年。"卫嘴子"吃年糕或蒸或炸，以淡甜味为主。

津人过年也喜欢吃
大米面的包馅的糕干

天津妈妈在家蒸年糕一般是窝头状的小枣年糕，由于面软，年糕外形似乎差了点，但滋味很上口。过程中不免有个小麻烦，年糕蒸熟后黏糊糊粘满屉布，不易清洗，假如蒸前在笼屉上垫点白菜叶，往往影响口味，所以，腊月二十三小年一到，奔铺子里预订年糕的主顾大有人在。其实，小贩们自腊月十五开始就携篮挎盒走街串巷，一边哼唱着吉庆词儿一边卖年糕了。

过去的盘香糕也是贺岁面点，乃蒸食。大小商家一进腊月"上全街"，象征美味绵长的盘香糕便是其中的重要品种。盘香糕用发面加白糖先做成长长的面条，面条外涂抹清油后有序盘好，盘的过程中还要加白糖、核桃仁、青丝、红丝等小料。蒸熟的盘香糕特别香甜松软，成为走亲访友的礼品。官银号毛贾伙巷东全居是知名的酱园，他家自腊月到正月十五会特别蒸盘香糕卖，曾有口碑。市面上还有清香爽口的云片糕，熟米粉加糖制成，点心铺屋檐下也多有写着"松子云片"的幌子。天津的松子云片糕真材实料，选东北松子仁，蒸制后压成长方形再切大薄片，片片半透明，米香、松仁香交融回味。

不仅如此，津俗过年必吃糕干。卖糕干的小贩叫卖有"节趣"，一会儿吆喝"合家欢乐的糕干"，一会儿吆喝"大发财源的糕干"，一会儿又唱"金玉满堂的糕干"，真是唱到了吃主儿心缝儿里。买的喜庆，卖的高兴，皆大欢喜。其实糕干并无两样，无外乎杨村糕干或馅糕干，要的就是口彩。

甜蜜话点心

尊重传统、崇尚礼仪是春节文化的重要组成部分，老天津人早早就会准备好蜜供，以敬祭先人，不敢怠慢。蜜供是什么？晚清《道咸以来朝野杂记》中说："蜜供，素食也，为岁终供佛之用。以面条为砖，砌成浮屠形，或方或圆，或八角式。大者高数尺，小者数寸，外以蜜罩匀，大都摆样子者，不可食。"

蜜供是用油和的半发面，然后切成长寸余小面条，油炸后蘸上蜜再叠搭起来。这种造型面点有方形的，有圆塔状的，高度从几寸到三尺有余。蜜供讲究五碗（份）为一堂，俗称"成堂蜜供"。蜜供大小与堂数要根据家庭、佛堂、寺庙等不同场合的用途来决定。旧时蜜供有红白之分，面条中间带红线的叫红供，用来敬神礼佛，无红道的白供常用来祭祖。蜜供一般要到蒸食铺、糕点铺预订，老年间的《天津过年歌》说："蒸食铺，居然可观，平日买卖有其限，到这时门外堆成了花糕馒头山。"后来，天津一般人家出现简版供糕，用从大到小的面饼一层层夹满小枣，叠码成尖塔状，再在顶端插上绒花、绢花或《三星高照》小画片等。

摆供祭祖、走亲访友都离不开美味糕点，"卫嘴子"逢年过节最喜欢"京八件儿"。它原本不是糕点名，实为清宫节庆所用花色面食，御膳师傅将面上印有福、禄、寿、喜、安康、如意等吉祥话的面点以及"银锭鱼"面点放在八个盘子里摆出造型。类似面

八件儿糕点

点在后来传到民间，率先成为达官显贵互相馈赠的礼品。

　　天津糕点传承京式，以"大八件儿"和"小八件儿"最闻名。关于大小八件儿的品种莫衷一是，日常供应的大八件儿一般有枣花、福字、禄字、寿字、喜字、卷酥、核桃酥、蚂蜡饼等；小八件儿有枣方子、杏仁酥、小桃、小杏、小石榴、小苹果、小核桃、小柿子。美食花色纷繁，大八件儿有时还包括翻毛饼、大卷酥、大油糕、蝴蝶卷、蝠儿酥、鸡油饼、状元饼、七星典子；小八件儿又有果馅饼、小卷酥、小桃酥、小鸡油饼、小螺蛳酥、枣花等。在此基础上，它们还派生出较高档的细八件儿，如状元饼、太师饼、杏仁酥、鸡油饼、白皮饼、蛋黄酥等。

　　吉庆食盒里当然不能少了萨其马、杏仁干粮、藏饼、状元饼、麻饼、核桃酥、马蹄酥、江米条、槽子糕、桂花棋子饼、糖蜜果、

旧年点心笺上有美味

芙蓉糕，老少皆宜，吃点心再沏一壶茉莉花茶，真美醉也。曾几何时，一盒八件儿、一盒炉元蛋糕，再覆上一张漂亮的点心笺儿，两盒一捆，堪称津人心心念念的甜蜜，也是倍儿体面的礼品，过大年，人人手上一拎串门去，俨如流动的五彩祥和好风景。

富富有余必食鱼

　　讨喜的鱼是天津人年夜饭的压桌菜，吉祥寓意自不待言。天津依河傍海不愁吃鱼，正所谓"海邦七十二沽传，贱卖鱼虾不论钱"。物产丰富也宠刁了天津人的嘴，"一平二鲙三鳎目"是津人对鱼的品质与滋味的常俗评判。

　　腊月天寒，市面供应冷冻鱼。仅以鲙鱼为例，它学名叫鳓鱼，北方人也俗称巨罗鱼，清康熙《畿辅通志》上说："巨罗鱼，名藤香鱼，细鳞多刺，天津出。"鲙鱼蛋白质含量很高，嘉庆至光绪年间大医家王士雄在《随息居饮食谱》中说鲙鱼可"开胃，暖脏，补虚"。鲙鱼肉厚味美，年夜饭天津人钟情于它，干烧或红烧鲙鱼可配上新鲜的蒜薹；清蒸可加火腿丁、玉兰片等。

　　曾为朝中贡品的黄花鱼也是"卫嘴子"的一好。黄花鱼蒜瓣肉雪白细嫩，营养丰富，《本草纲目》认为此鱼甘平无毒，开胃益气，适宜老幼和体弱者食用。饭店厨师更会精烹细制，能端出软熘黄鱼扇、折烩黄鱼羹、干煎黄鱼、什锦鱼米、清蒸八宝酿馅花鱼、锅塌黄鱼等佳肴。其中的软熘黄鱼扇颇为经典，切出的大片鱼片过油后收缩卷曲成扇形，卤汁薄芡，甜酸略带咸口。花鱼羹在鱼鲜的基础上又融入了木耳、南荠、青韭白、粉丝的滋味，汤汁也浓稠味美，大可增加春节富足喜庆之感。

　　当然，在家自己料理年夜饭最普遍的还是熬带鱼。天津人家

吉利的松鼠鱼

熬带鱼讲究作料，葱用宝坻的"五叶齐"，切"蛾眉"葱丝；老姜切"一字"姜丝；蒜选宝坻的"六瓣红"，切"凤眼"蒜片；酱油用老牌"红钟"或"四星"，面酱买东全居、天昌、孟家酱园的"三年甜"。熬带鱼重火候，大火烧开，文火慢炖，色泽酱红，香气徐徐而来。还有红烧鲤鱼（津俗称拐子）、罾蹦鲤鱼、松鼠鳜鱼等，一样是餐桌正中的亮点。

稍小的鲫鱼则是正月二十五填仓节的主角。"填仓填仓，干饭鱼汤"，人们在这一天要吃米饭、喝鱼汤，象征余粮满囤、富足美满。为嘛喝鱼汤？旧俗曰当日也是祭仓神的日子，民间传说在当晚喝喝鱼汤就好，要把鱼留给小猫吃，意思是让猫去好好捉老鼠，让粮仓不被鼠咬。津味鱼汤爱用不大不小的活鲫鱼，鱼鳞、内脏全部处理干净，以免汤有腥味。煎鱼用文火，需煎至两面金黄。熬汤时用凉水，加姜、葱、盐等，慢慢熬到汤呈奶白才好。鱼汤、米饭一直是津沽老少爷们儿过年幸福小日子的象征。

没有肉香不过年

　　有人说，在某种程度上中国人过年就是吃的盛大节日，这也无可厚非，农耕文明的惯性使然，也是富足小康的美好期许。家家户户煎炒烹炸，熬鱼炖肉，大吃大喝过肥年。

　　烧肉，又名扣肉，是许多老派人家欢度佳节的保留菜品，也是传统津菜"八大碗"中的名吃，肥而不腻，味厚浓香。津式烧肉一般用上好的五花肉，经煮、炸、蒸脱油脱脂，最终咸鲜软烂、高蛋白低脂肪。因为烧肉的大半工序可提前完成，所以适宜节日待客，是宴席上的"红碗"之一。美食追求无止境，后来，天津厨师在烧肉的基础上又创制出元宝烧肉。与烧肉相配的"元宝"实为两个煮熟的经油炸至金黄色的虎皮鸡蛋，在虎皮蛋上切一刀，但需保持蛋体下端相连，然后掰开扣在烧肉上，一起上屉再蒸。上桌前扣入平盘时鸡蛋已隐埋在肉里，菜吃到最后露出了金灿灿

让人馋涎欲滴的红烧肉

的元宝，人人叫好——恭喜发财。

许多天津人觉得年夜饭席面上若没有肘子、炖肉，有不管客人饱的意思，类似硬菜也体现了主家的热。津菜将肘子做出了百般花样，比如传统的烧肘子、虎皮肘子、扒肘子、水晶肘子、凉拌肘花等。

妇人们过日子精打细算，做肉菜剩下的肉皮也是好食材，可"咔呲"一锅肉皮腊豆儿。肉皮、水发黄豆与青豆为主，胡萝卜丁、香干丁、果仁为辅，添肉汤，在文火上慢慢炖，炖出肉皮的胶原蛋白，待凉变成滑颤颤半透明的肉冻儿。这慢炖，俗谓"咔呲"。

再说酱肉，要吃天盛号的。天盛号原是京城老字号，王公贵族、达官显宦皆视为上品，辛亥革命后天盛号把生意带到更繁华的天津卫，开在了北门外，时在1921年。天津天盛号秉承传统，酱油肉最棒。先说肉，专选名产地的上好后腿肉，皮细肉嫩，肥瘦适中。再说"腌七泡八"的过程，商家在寒冬开始购进生肉，剔骨刮浮油去蹄爪后，将肉整理成规整块。肉入缸腌制时要层层加花椒末、细盐等调料，要腌七天，晾三天，再复腌，此刻加酱油浸泡八天。这样腌好的肉还要挂在不通风的屋里晾，直到第二年出伏才把肉洗净煮制，方成佳味。天盛号后来又添熏鸡、扒鸡、酱鸭、熏鱼等，也颇受百姓欢迎，迎年之际更是供不应求。

韭黄、香干是口福

过年包素饺子、吃四碟捞面、炒热菜所需香干、面筋、鲜韭黄不可少。老天津人最爱吃北大关信和斋孟家酱园的"三水五香豆腐干"，老号开业于清乾隆年间，因每块香干中心都压印"孟"字为记，所以百姓俗称孟字香干。所谓"三水"，就是制作时需三煮三晾，豆腐干用文火初煮后晾干，然后再煮再晾，如此"二水"过后的豆腐干上要撒细盐入味，再煮再晾，这次煮的过程中加糖色、桂皮、丁香、白芷、大茴香等小料。成品香干酱红油亮，四边圆角，表面有紧压过的布纹痕迹，口感有韧劲，不碎不裂，存放数日，香气依旧。

天津人包素饺子必买香干，切碎后放入素馅中格外好吃。香干炒肉丝、糖醋面筋丝是大年初二招待姑爷捞面席的必备配菜。说到面筋，它用白面慢洗出淀粉成纤维后油炸而成，面筋房里有几口大缸用于和面、洗面筋，二三十斤面块需壮小伙洗好一阵子才能洗净。文火油炸，用大笊篱不断将浮起的面筋泡按下，以便炸透。凉后的面筋不绵软才符合"卫嘴子"的要求。

韭黄也叫黄芽韭，与大白菜、青萝卜、洋葱被誉为天津蔬菜四大名产，也是经久驰名的津地"冬令四珍"之一（其余三"珍"为银鱼、紫蟹、铁雀）。民间传说，韭黄曾获得过慈禧太后的青睐，并赐名"金丝韭黄"。

香干、肉丝、韭菜合炒
是津味家常菜

　　韭黄是韭菜经软化栽培变黄的一种时鲜，暖窖中的韭菜被隔绝光线，无法完成光合作用合成叶绿素，所以变成了黄色，十天半月收获一茬儿，深冬初春时节的韭黄口味最佳，价格也贵。津产韭黄大致始于清同治年间，当时在城西芥园一带有个朱姓菜农，腊月里他在暖窖养花时无意中发现肥土堆下长出一茬儿新生的黄色韭菜芽，于是他在大年三十那天割下韭芽做成饺子馅，竟出乎意料的鲜美。经验告诉他，这黄色韭芽就是秋天遗留的韭菜根生出的。从此，他开始专门培植售卖，获利颇丰。直到光绪年间，这培育韭黄的方法才逐渐传开，春节期间菜农们把韭黄用红绳捆扎好售卖，点缀着新春市井。

　　往昔寒冬是白菜、萝卜当家，细菜少，佳节礼尚往来送些时鲜韭黄，很招人欢喜。少许韭黄俏在饺子馅里提味，特别是除夕，包上一顿俏韭黄的肉馅饺子，其滋味好似入春。君不见，韭黄炒鸡蛋、韭黄炒香干、韭黄炒肉丝、韭黄炒鱿鱼也是新春喜宴的亮色呢！窗外数九寒冬，屋里窗花映红，桌上美味喷香，天津人真是好福气。

故纸上庆元宵

正月十五闹元宵，元宵又名汤圆、汤团、圆子等，各地称呼虽有不同，但在每年正月十五元宵佳节的时候它总能将无数人的口味统一起来，凝聚起来，团团圆圆，和和美美。老天津的糕点店铺习惯在腊月末、正月初就开始打制元宵，现打现卖，广有销路。

欢欢喜喜闹元宵

天津人做元宵用方块的半干糖馅蘸水，用笸箩盛江米面一遍遍摇，俗称"打元宵"。糕点店铺应时到节，在店门外搭棚设摊子打元宵，为节日里的市井平添着热闹。由于是在光天化日下操作，众目睽睽，是没人敢作假的，所以元宵的质量大可放心。糕点店铺属于开门面的买卖，一般是不吆喝的，唯有在店外现打现卖元宵的时候，伙计们才放开嗓子吆喝起来："桂花味的元宵呀——个大馅好咧——"有趣的是伙计在给顾客数个数的时候也像唱歌一样："一个来呀，两个来，三个来呀，让您老发大财啊……"数够数后往往还会饶上一两个，让顾客高兴。

老字号祥德斋、桂顺斋、稻香村的元宵人人爱，久已形成知名品牌。它们的元宵选料上乘，工艺严格。比如，磨制糯米粉必须用石碾，以确保粉质细腻，煮时才不至于浑汤。纯手工制作的元宵大小、形状、色泽、重量都要达到标准，元宵成品还要经过人工再次筛选。名品元宵个大糯香，开锅即熟，让人赞不绝口。

旧年逢元宵节之际，天津糕点大有销路，一张张花花绿绿的包装花纸将一包包元宵打扮得很漂亮，人们拎在手里，如同街上流动的风景。在笔者收藏的各色点心笺故纸中，也有专为元宵印行的包装花纸，但相对较少。究其原因，一是元宵售卖季节性较强，仅十天半个月左右，不像点心笺那样可以一整年使用。二是元宵价廉，三两二两装进纸袋即可，无须另加花纸捆扎，花纸一般覆在整盒元宵上，显得美观大方，适宜礼尚往来。

元宵故纸

改革开放前后，天津河北区饮食公司曾推出一款大红、果绿、金色相间的元宵花纸，画中近景是北安桥与华灯，远景可见绿树掩映下的百货大楼，大楼塔尖高耸，充分表明了当时它作为天津地标建筑的宏伟之势。颇具匠心的设计是，画中大面积的天空按常理不过做留白处理，然此画铺满大红色，喜庆氛围扑面而来。红底上有白色"什锦汤圆"四个毛笔大字，视觉效果突出。

同时期的另一张元宵花纸画面最红火，只见帷幕开启，窗口高挂两盏宫灯，灯上写有"元宵节"字样，窗外礼花绽放映红不夜天。窗前的"传统风味什锦汤圆"字样用篆书体，显得古色古香。另一张花纸为玫红色单色印刷，上挂走马灯，下配青竹，中间的传统圆光内有一个漂亮的高脚盘，盘上码着白生生的汤圆。画工采用钢笔素描技法，背景与桌面上可见熟练的排线笔触，不同于点心笺设计常用的水粉画法。

　　天津南开区饮食公司曾使用过以红色配金色宫灯为主图，周边为橘色装饰的元宵花纸。值得一提的是，南开糖果糕点公司推行的元宵花纸上人物最多，各少数民族兄弟姐妹载歌载舞欢庆元宵佳节，画面左侧绘有硕大的灯笼与盛开的鲜花，"五十六个星座五十六枝花，五十六族兄弟姐妹是一家……"我分明记得小时候老城西南角的一家小吃店、文庙牌坊南侧东马路上的一家小吃店曾使用过这样的花纸。后者一进腊月还曾卖现煮元宵，价廉物美，可在店里热乎乎吃上一碗。

　　今之美食极大丰富，口味繁多的现打元宵、冷冻汤圆皆有了华丽外衣，再不需要片片花纸，故纸上的元宵节往事真就成为了一份甜美记忆。

二月二煎焖子

中国是传统的农业文明国度，阳光哺育万物生灵，直接影响着农作物的耕作与收获，国人自古就对太阳充满了无限崇拜。清代，北京、天津等地的百姓用白米面加糖制成太阳鸡糕，在二月初一这天祭祀太阳，祈求风调雨顺，农作物丰收。

缘何有此风俗呢？清代《春明岁时琐记》中说，相传二月初一是太阳真君生辰，人们要向太阳焚香叩拜，供奉糕干样子的夹糖糕，糕面上有小鸡的图案，称作太阳糕。在古人的思想中，鸡是象征阳气和生命力的神鸟，所以在太阳糕上印上鸡的形象当是珍重阳光、热爱生命的美好寓意。直至20世纪30年代，京津市面上还有卖太阳糕的摊贩，以后逐渐消失。

旧俗二月初二是"龙抬头"的日子。春暖花开，百虫醒来，万物复苏。天津人在这一天吃烙饼、煎焖子，剃头理发，开始了新一年的生活。清晨，家家户户要举行"引龙"仪式，用灶灰末、谷糠或黄土从家里撒到附近的河边，然后再撒回来，表示把"懒

时下饭店四季售卖的
改良版焖子

龙"带出去，把"勤龙""钱龙"引回来，祈盼新的一年风调雨顺，五谷丰登，财源滚滚。

何谓"焖子"？有人说焖子原为山东临清的特色小吃。运河文化对天津民俗影响很深，历史上的天津与临清交往颇多，吃焖子的习俗也许与此有一定的关联。民间还有一种传说，说很久以前有兄弟俩开粉坊做粉条，一次赶上连雨天，粉条滞销，情急之下兄弟二人只好用油煎粉坨拌着蒜泥吃。没想到那香气引来了邻居，大家一尝不由得交口称赞。于是兄弟俩便卖起了这种吃食。人们问这小吃叫啥名字，兄弟俩一想用油又煎又焖，就叫"焖子"吧。

天津焖子讲究用极细的绿豆淀粉，口感最好。煎好后的焖子油光透亮，柔嫩爽滑，趁热浇上芝麻酱、蒜泥、虾油、老醋、酱油、辣椒油等，真是唇齿留香，回味无穷。这时正是冷热不定的早春时节，热食凉性的焖子，从而达到了平衡，这不能不说是一种美食创意。

银白色的焖子片排在一起像龙鳞，又被煎成金黄色，民间俗说这表示对"懒龙"的惩罚，希望它尽快起身，保佑丰收。此一日吃的饼又叫龙鳞饼，意思是保护龙身。吃的面条叫龙须面。吃焖子、烙香饼的同时，"卫嘴子"还要吃炒鸡蛋、炒豆芽菜、拌春菠菜等清淡菜品，对消除一个正月的油腻大有益处。

红红火火的年好似民生大戏，人们将一切好吃的好玩的，还有好的想法与愿望，统统放进了过年的日子里。昔时百姓生活清苦，平常省吃俭用，过大年时便倾其所有来享受和祈盼美好的生活。俗称"吃尽穿绝"的天津人更是扩展延长了年的幸福，从大年三十守岁到二月二"龙抬头"一直离不开美食，同时对新春充满美好期待。

第七辑
家常便饭

百吃不厌的米饭

富商赵二爷曾有恩于李家，久没见面的这老哥儿俩一天在街面上遇见了。"二爷，您挺好的？忘不了您的好呀，今儿咱得下馆子喝两盅。"吃过见过的赵二爷或许并不在乎一顿吃喝，连忙道："谢啦谢啦，改天我专程到府上连拜望老爷子，你顺便请我，别破费，蒸点小站新米干饭，熬鳎目鱼就蛮好，比嘛都香。"

一段对白，像津味小说里的"穿越"，像电视剧中的镜头。想表明一点——老天津赛江南，乃鱼米之乡，米饭、熬鱼堪称家常饭之上品。香喷喷的米饭，"卫嘴子"也俗称为"干饭"，讲究吃当年新产的小站稻米。一方水土孕育一方美食，天津特产小站稻历史悠久，始于宋辽年间，成名于清末。光绪时代的1875年至1894年前后，淮军首领周盛传率盛军将士在津南一带开垦拓殖，成功培育出优良新品小站稻，同时成为中国近代史上的要事。盛军屯田的结晶很快呈进宫廷御膳所用，颇为荣光。

贡品亦得百姓所享。小站稻米粒椭圆，晶莹透明，洁白如玉，用它做饭，黏香可口，回味甘醇，别具风味。

老天津居民五方聚来，尤其是南方人更习惯吃米饭。民风使然，饮食所需，脍不厌细，这也为天津人餐桌上的大米饭增添了多样的花色口味。比如，现代食客青睐扬州炒饭、三鲜炒饭，殊不知老天津天瑞居的什锦炒饭或许比此更叫绝。旧时的天瑞居在哪？辽宁路上，劝业场后门。天瑞居的炒饭深得津沽鱼米之利，用小站新米蒸饭，炒制时配海参、虾仁、鸡蛋、黄瓜，俏头儿是鲜豌豆与胡萝卜丁。说那虾仁，大小适中，现用现剥；海参要清内脏，热水焯，半透明状似琥珀。现吃现炒的什锦饭冒着热气端上桌，见五彩相映，油润光亮，颗颗不粘，粒粒入味，复合的咸香、海鲜滋味足以让食客垂涎。天瑞居什锦炒饭自成一家，可谓老天津人难以忘怀的滋味。

20世纪二三十年代的天津是一座国际化的城市，西式快餐已经出现，并流行于租界。位于法租界海大道（今大沽北路）的松记饭庄（西餐馆）便以"快"字引人，咖喱鸡饭是其招牌名吃。传说，餐馆的店主来自广东，铺面不大，最多只能容纳20多人用餐，因为上饭快捷，客流量也不小。烹制咖喱鸡饭选进口咖喱用热油烹制，调味咖喱汁色泽金黄，香气浓郁扑鼻，所配鸡块酥辣馋人，与晶莹剔透的稻米饭同食，彰显异域风味。

到新中国成立之初，天津水稻种植达到空前高峰，但好景不长，随着20世纪60年代海河上游水系拦河截流，九河下梢的天津城水量大大减少，加之"文革"时期的天灾人祸，天津稻米大幅度减产，倍显珍贵。1972年2月，时任美国总统尼克松访华，周恩来总理特别指示主食要用小站米来招待贵宾。

炒米饭

在计划经济年代，天津市民平时吃的多是老籼米（机米）。当时，在饭馆吃上一碗米饭大致要三四两粮票和七八分钱。因为好米紧俏，天瑞居也被迫改成了饺子馆。只有逢年过节，老百姓才能吃到一点好稻米，而且要排队凭本购买，即便如此，新米常要留给老小病孕加营养补身体。那年月，好日子里蒸上一碗稻米饭大抵满院飘香；那日子，就算吃上一碗用开水清酱汤泡的新米饭也会美滋滋的。不承想，大米饭竟让人望眼欲穿了。

1976年前后，小站稻种植逐渐得以恢复。进入80年代，粮食统购统销开始松动，外埠大米，特别是唐山柏各庄大米补充进津，同样受到食客欢迎，市民们也可用手头剩余的粮票、玉米面、老米，或者旧衣服从串胡同的小贩那里换些好大米来调剂生活。改革开放，春风化雨，稻米饭重新回到了"卫嘴子"的餐桌上，那叫一个香呀。

直到今天，不少孩童照旧爱吃软糯的稻米饭，或炒或拌菜拌肉松，甚至干吃白饭也很香。天津妈妈也爱做米饭，配上熬马口鱼、鲫头鱼或是小炖肉烩海带，尤其是稻米饭配上青萝卜丝肉丸子汤，萝卜爽嫩，肉烂鲜香，汤浓色白，堪称天津人家常便饭的经典。

稀食花样多

无论是小饭馆里的蛋花香菜汤，还是大酒店里的燕鲍翅精粥，天津人认为酒足饭饱之后喝点稀食很舒服。天津稀食大致有卤类（老豆腐、锅巴菜为代表）、粥类和汤类等，花色与口味繁多。

"卫嘴子"爱喝稀饭，有人俗称这是吃饱了灌灌缝。粥类大多与五谷杂粮相关联，有的是用一种谷物熬制而成，有的是两种以上谷物配伍而成，还有的是谷物加蔬菜、水果或肉类的复合味粥品。如小米粥、大米粥、秫米粥、玉米面粥、大麦仁粥、红豆粥、绿豆粥、八宝莲子粥、八宝江米粥、肉末米粥、燕翅麦粥、皮蛋粥、山芋粥、红萝卜粥、白菜粥、腊八粥、面茶等。津味稀粥大致可分为清香、微甜、咸鲜等不同味道。

喝过香糯的腊八粥就意味着大年在眼前了

清代天津极少见豆腐房、锅巴菜铺和炸果子的摊，这些早点的兴起是辛亥革命前后的事。老辈"卫嘴子"早晨最爱喝又热又甜的秫米饭，外加蒸饼、烧饼等小吃。

老年间的秫米饭像今天的豆浆一样普遍，街巷随处可闻粥挑子的叫卖声，但要说卖秫米粥出名的还得数万顺成。前面说过的颇有名气的万顺成小吃店除了肉卤锅巴菜之外，秫米饭、八宝莲子粥也不乏特色。莲子粥以江米和莲子为主料，佐以核桃仁、青梅、瓜条、葡萄干、百合等小料，食客不断。

熬稀饭熬粥是天津主妇的拿手好戏。家中用文火熬的菜与肉的"咸饭"也受到许多人的青睐，特别适宜老人、小孩消化吸收。白米稀饭里加上各样时鲜蔬菜末，或者肉末，乃至水果丁，文火慢慢熬制，咸鲜、清甜、浓香，那滑糯的粥中充满家的温暖。如果你哪天感冒了，一碗白米稀饭和一碟小咸菜或许是你最大的期盼。这时，油腻的肠胃拒绝了奢侈，更喜欢清淡的本原。

菜粥最抚凡人心

时下的许多大饭店在粥上大做文章，"粥王""粥府""粥嫂"等名号遍街闪炫，商人聪明，他们知道最让顾客贴心的是什么。南方人煲粥的本领更丰富了"卫嘴子"舌尖的味道，可喝来品去，不少人仍旧留恋家里的那碗粥。

在天津民间，除了家常面汤，像什么捶鸡面汤、柳叶面汤、猫耳朵面汤、鸳鸯面汤、萝卜虾干面汤、肉丝面汤、三鲜面汤、翡翠面汤、鳝鱼丝面汤、清汤面等多达二三十种。

捶鸡面汤要选用最嫩的鸡胸肉沾上干淀粉，用木槌反复捶成薄片，改刀成肉糜后与蛋清、面粉、水和成较硬的面团，再擀成细面条。面条煮熟后加盐、味精，浇上三合汤（鸡肉、鸭肉、牛肉熬成）。它面丝雪白，柔韧光滑，汤色清亮，营养丰富。捶鸡面汤、捶虾面汤素来高贵，是老天津"八大成"饭庄中的经典美味。

天津妈妈爱做手擀面面汤，虾皮（或海米）、葱、姜炝锅出香，加白菜或青萝卜丝，口感很好。天津人习惯吃的捶鸡面是用鸡胸肉肉蓉和面再加入鸡蛋清、精盐等，然后擀好切成面条煮食，柔软爽滑，味道鲜美。另外，所谓的鸳鸯面是分别用蛋清、蛋黄和面，双色面条加对虾肉丝、鸭肉丝、嫩菠菜等，碗中双色面条对半，煞是美观。再如，有火腿丝、笋丝、海参丝相佐的鸡汤三丝面上要点缀些鲜豌豆，堪称色香味形俱佳的饭食。

直到今天，很多人酒足饭饱之后仍要吃一碗热热乎乎的西红柿或榨菜肉丝手擀面汤。现在的城市人几乎天天饕餮盛宴，但吃来吃去抵不过一碗家常面汤来得滋润。

馄饨在华北一带叫馄饨，广东叫云吞，四川叫抄手。天津老味馄饨讲究馅大皮薄，用鲜肉末加葱姜等调料制馅，调制馄饨肉馅时要顺着一个方向搅打上劲儿，这样调出的肉馅才好吃。馄饨讲究现煮现吃，汤用鸡汤或排骨高汤，稍加味精，开锅熟。馄饨煮好一般要趁着沸头儿盛，如果迟了馄饨在锅里泡着，盛出来口感就差一些了。碗里还要先放虾皮（或海米）、冬菜、紫菜等，浇上滚烫的汤再撒少许香菜末，味道清香无比。爱吃酸的，加点醋；爱吃麻辣的，加点胡椒面，更加开胃。

老天津有不少饭馆都出售馄饨，比较出名的有周家食堂、吉美林、登瀛楼等，宏业食堂等店家后来还增添了大馅广式云吞。食不厌精，讲究一些的馄饨汤里要放些鸡丝、皮蛋等，风味各不相同，各有特色。另外，捶鸡面片还可包成肉馅馄饨，叫捶鸡馄饨。20世纪80年代，位于辽宁路的安徽菜馆推出过绉纱馄饨，还有的餐厅借鉴南方饮食风格出售芝麻馄饨、燕皮馄饨等，每碗只要2角上下，可谓物美价廉。

天津传统的素馅馄饨现在少见了，它是用粉皮、香干、面筋、香菇、笋片、绿豆芽、香菜切碎做馅，包出来元宝形的馄饨。素馅馄饨鲜美清素，别有风味。

窝窝头

传说中的清宫御膳房为慈禧蒸的玉米面、栗子面小窝头可谓人间极品，常人当然难以想象个中滋味。香软的小窝头的确不俗，甚至进入了满汉全席食单，与萨其马、莲藕酥等成为达官显贵爱吃的细点心。又曾几何时，民间干冷的窝头是清苦贫贱的象征，其中或藏着泪水、苦涩。天堂美味也好，民间俗食也罢，能像窝头这样饱含生活故事的恐怕为数不多。

玉米面窝头是老年间普通劳动者的重要口粮，特别是在天津码头上、河坝上扛大个儿的脚力，在街面上拉胶皮的车夫，几乎三餐必备。20世纪二三十年代，地临英、法租界码头的小白楼一带有个出了名的小食摊，人送美名"窝头大王"，摊上卖的窝头每个三斤多重，金黄松软，口感香甜，壮小伙在这称上一大块，就些酱豆腐、老咸菜，再喝碗稀饭、片汤之类的，吃得美滋滋浑身是劲。"窝头大王"昼夜售卖，顾客络绎不绝。

笔者小时候经常顺着南运河跑到西郊亲戚家玩。亲戚家孩子多，那时口粮少，三顿饭之外，

窝窝头

为了不让他们偷嘴吃，那个盛干粮的提篮总是高高挂在房檐上，可舅舅一见我去特高兴，一准会忙不迭地用挑竿摘下篮子，给我一两个窝头吃。舅家的窝头口感极好，清香回甘，大多是用当年的新玉米自己磨面，然后加黄豆面、花生碎蒸的。其实我并不缺零嘴儿，有时会带回家让妈妈给我做炒馇馇吃。窝头切成丁，稍稍过油见黄嘎，葱、姜、虾皮炝锅后翻炒，然后再俏点韭菜，其滋味至今让我起馋念。

老天津家长教训孩子，尤其是见孩子学习差，总爱说：宝贝儿啊，你就不上进吧，长大了早晚让你吃窝头喝西北风去！吃窝头，在旧年也被老百姓视为受羁押吃牢饭的标配。比如隔壁老王在厂里有点权，但总不知天高地厚中饱私囊，结果东窗事发进了局子。邻居张二伯说：这下老实了吧，"号儿"里的窝头得吃些日子了。再说，干冷窝头也被人视为命运的象征。比如赵大哥风里雨里谋生折腾十年八载，无奈仍一贫如洗，或黯然神伤，或被街坊嘲笑：唉，也许天生就是吃窝头的脑袋瓜子。

时过境迁，如今上好的窝头比白面馒头还贵，是人们心目中健康养生的美食，我所知数位朋友都爱吃，觉得吃豆面窝头再就点八宝酱小菜，比吃大鱼大肉还舒坦。看来，美食如云的现代生活无形中翻转了窝头的"滋味"。更见华丽转身，有的大饭店以"慈禧御膳"为噱头，专门推出所谓的宫廷窝头宴，食客纷至沓来。备不住一尝，却不如老娘自己蒸的可口。窝头，食俗食事五味也。

现在生活条件好，炒馇馇与小窝头一道成为大饭店里点餐率比较高的主食之一，小窝头与炒虾皮还被厨师创出特色津菜——金塔皮米。

老味甜蒸食

天津人喜欢吃蒸饼、糖三角等甜馅蒸食，一般吃在三个时段，一是早点，二是下午四点后晚饭前，三是晚间九点左右，皆属垫补垫补胃口。老天津有蒸食铺卖这类小吃，也不乏小贩到点儿走街串巷吆喝。昔时的蒸食铺与馒头铺有区别，后者基本仅做馒头、花卷等主食，不做甜馅蒸食，因为要制馅等增加工序；而前者往往会捎带蒸馒头、千层饼，不像现在的馒头房啥都兼营了。

天津人俗称豆馅蒸饼叫"豆篓儿"，薄皮大馅像馅篓子一样，类似说法还有韭菜大素包子，曰"韭菜篓儿"。豆馅蒸饼之外还有白糖青丝玫瑰芝麻馅的、红果馅的。做糖三角、糖馒头（糖包子）用红糖，包糖时需加入适量面粉，以免热糖变稀溢出。做枣卷讲究用小核多肉小甜枣，且尽量添足个数，切忌表面看似有枣，内里实则无枣，如此带不来回头客。

说到杂粮蒸食，民国时期天津民间有黄金塔，它用小米面加少许黄豆面、白面发面，揣碱、揉面成剂子，包豆馅，团成窝头状。这蒸食色淡黄，口感松软，老年人、孩子们最喜欢。另有小贩卖秫米面（高粱面）枣饽饽、枣丝糕。饽饽是死面的，新下屉吃就有韧劲，凉了以后干硬，适合牙口好的人闲来磨牙慢慢嚼，别有风味，但相比其他蒸食销量小。丝糕是发面的，淡甜松软，也能当主食。

花色小馒头

春节前蒸食铺最忙，大户人家纷纷来订花糕、甜蒸食、年糕等。花糕主要为敬神祭祖摆供用，年糕寓意年年高，文述多见，不赘。这项买卖常为大宗，蒸食铺美得合不拢嘴，再忙再累也心甘。端午之际，有的蒸食铺会包些粽子，小枣的、豆馅的，或是蒸传统的面点粽子，样子像今天的老味糕点炉粽子。平日蒸食铺应顾客预约可做带馅寿糕、寿桃，且能为面糕装饰些红绿颜色，看起来挺喜庆，其利润比普通蒸食大不少。

越嚼越香的大锅饼

在天津主食习俗中，内里有层的饼叫烧饼（芝麻的、油酥的、馅的）、油盐饼，内里无层的发面的叫锅饼，另有小发面饼、小烤饼等，而类似的烤烙面食在陕西、山东、河南有些地方统称锅盔、锅魁，民间传说其历史可追溯至或战国，或东汉，或大唐，莫衷一是。老天津人对山东风味的大锅饼情有独钟，一是基于津鲁民风、食俗的关联，二是基于它真材实料还耐储存。老辈"卫嘴子"对昔日北马路（近东北角）的一家山东人开的锅饼铺应该记忆犹新吧，笔者十几岁时那门市还在，那滋味经久难忘。

做锅饼殊不易，是慢工。先用传统面肥发面，然后兑入适量碱水，目的之一是去掉面的酸味。接下来需揉进大量干面粉，俗称戗面，与戗面馒头技术大同小异。直到双手揉不动的时候开始上杠子（枣木的最佳）压，反反复复成硬面，缘此，锅饼在旧津也称硬面锅饼、杠子面锅饼。接下来开始擀面，擀成直径二尺、厚度二寸左右的圆饼。烙饼第一步是在铛上让饼定型，讲究"三翻六转"不能偷懒。饼形大体成个后，按老手艺要在饼铛上放个铁圈，把饼架在圈上，用文火把饼慢慢烤透。烙锅饼的炉火挺关键，不大不小得适度，切忌烤焦糊，又不能内里夹生发软粘牙。

天津锅饼大致有原味麦香的、椒盐的、红枣的几种，后来又出现放葡萄干、瓜条的什锦锅饼。当然卖得最好的还是枣锅饼，要选皮薄、肉实的小枣（个大、皮厚、肉暄的"铃铛枣"不可取），硬面中加枣量虽多，但饼面上还不能露出多少，这不能不说是技巧。

老味道的枣锅饼

卖锅饼一般拉成三角形的块论斤称重，还有一种锅饼条，约一尺多长、一寸多宽一条。锅饼真材实料，因硬实含水量极少，类似压缩饼干，所以即便在夏季也不易变质。出门在外暖带衣裳，饱带干粮，锅饼当是首选。20世纪六七十年代，家严在新疆支援建设，单程绿皮火车需要六七天时间，每年春节后返疆时常会带一兜锅饼、大饼、炸酱充饥。

硬面锅饼特有嚼劲儿，再加上小枣，真是越嚼越香越回甘。津人吃锅饼往往与锅巴菜、老豆腐、素丸子汤、羊杂碎汤之类的稀食搭配，顶饱搪时候。除了门市，街边、集市也有卖锅饼的小摊，卖稀食的摊也爱与锅饼摊为邻，二者干湿"相辅相成"。有时人们也把枣锅饼当成零食吃，老太太、小孩子含在嘴里慢慢磨牙消遣。

炒饼、烩饼、热饼汤

说饼，大江南北哪都不稀罕，但大多是葱油饼、发面饼之类，而天津卫的微油微盐的大饼，不能不说是一大特色。老天津街面上现烙现卖的饼才叫大饼——直径二尺左右，分量二斤上下，层层分明，软硬适口。码头畔大路边扛活的拉车的跑买卖的，饿了来半张烫手的大饼，夹上酱油肉，卷上炸蚂蚱，大快朵颐，经济实惠。天津大饼有滋有味，适合百姓饮食习惯，甚至无须就菜便可饱餐一顿。天津人对大饼情有独钟，即便买多了烙多了剩下干了也无妨，所余大饼会化为又一道美食。

爱屋及乌，很多"卫嘴子"喜欢吃炒饼、焖饼、烩饼，以及热饼汤，有饭有菜，有稀有干，老少皆宜。

老年间正宗炒饼可算不上低等饭食，特别是饭馆里现炒的，从配菜到烹调绝非马马虎虎了事。所用的饼最好是前一两天的，饼丝提前切好，晾半干。炝锅后放入少许肉丝翻炒片刻，再加饼丝。这时，要不断向热锅里、饼丝上淋明油，以防饼丝粘锅。待全部饼丝浸透油呈金黄色，再加进作料调口味。炒饼出锅，饼丝几乎条条透亮，口感微微酥脆，讲究吃到碗底见油不见汤。旧日里，不乏哪位腰缠万贯的大少爷吃烦了燕翅席，隔三岔五非要来份炒饼吃不可。若嫌油腻，食客可以选配菜以豆芽菜为主的素炒饼。

炒饼

焖饼、烩饼也分荤素。或焖或烩，以加汤汁多少来区分。烩饼如同烩菜，烹调定会使用高汤。

焖饼有时也要先将饼丝过油，炝锅炒肉丝菜丝后放饼丝，淋高汤，焖到最后大多要收干汤汁。焖饼的口感软而不黏，筋而不硬。老天津的坛子肉焖饼最响当当，锅内有时蔬铺底，加饼条、坛子肉，浇适量高汤，焖制而得。做烩饼，加入的汤要远远盖过菜，汤被烧开后再下饼丝，汤再一开就好了，还可点上香油、芫荽，饼条软，汤味鲜，或许不亚于"八大碗"。

往昔，街面上随处可见烙大饼的，二荤馆、小门脸也售卖焖饼、烩饼，甚至专营。比如民国时期，南运河北岸的河北鸟市热闹熙攘，此地聚集了大量的饭铺摊档，津味小吃荟萃。鸟市大街上的天福居饭馆，河北影院（后名东风影院）附近的三胜涌饭馆、阎记饭馆等，皆常备焖饼、烩饼，总能吸引食客前来。有一种小碗烩饼最叫座。曾有位老辈人对我描述过让他难忘的滋味，说那烩饼关键是汤好，饼丝放在漏勺里，用滚开的高汤一遍一遍往上浇，直到浇透。盛到碗里，在饼丝上加些鸭肉丝（或鸡肉丝）、豆芽菜，再添两勺高汤。饼丝半软，清香可口。有资料显示，老北京的泰丰楼将这种烩饼做到了极致，还博得过梅兰芳的夸赞。另外，孩子们去上学也常常揣着半张饼，中午时分，到附近的小饭铺可加工一碗焖饼、烩饼吃。

天津人餐桌上的饼汤一般被视为半干半稀的饭食。好喝的饼汤同样要炝锅出香，记得家慈做的西红柿与土豆条饼汤、白菜丝与海米饼汤非常可口，特别是在三九天，回家先喝上一碗热气腾腾的饼汤，寒意、饥饿，一扫而光。想来，始终上不了席面的饼汤反倒是最温暖的家的滋味，总要比时下一盏所谓的燕鲍翅养生汤来得贴心。

计划经济时代吃饭要粮票，实实在在的大饼、焖饼因无法"膨大"，便不再被推崇，餐饮业的萎缩也让捞面取代烩饼。新时代，洋快餐如潮而至，焖饼、烩饼在胡同口的夹缝中"苟延残喘"着依稀飘香，但见肉丝、豆芽菜、圆白菜、鸡蛋一把抓，焖出来的饼不是软就是水，今非昔比。时下，也有餐饮行追求返璞归真的理念，于是衍生出羊肉烩饼、甲鱼烩饼、鱼头烩饼，乃至极品鸭翅烩饼，重噱头，讲卖点，"土掉渣"的老味道由此焕发出了新价值。

传统家做西红柿
土豆饼汤

"二他妈"的隔夜鱼

现下开餐馆的为揽客常爱巧借些"主题元素"来凑趣。笔者曾到一家"大食堂"吃饭，见其中却融入了些天津旧民风特色，菜谱上也有不少地道的津地传统吃食，比如独流焖鱼、拌沙窝萝卜、报纸大果仁（过去用报纸包包）、酱杂样等凉菜、小吃，更不乏臀蹦鲤鱼、老味全爆、家常辣子罐、肚丝烂蒜等热菜。最让我眼前一亮的是嘛？菜名听起来挺招笑——二他妈隔夜带鱼。

天津近守渤海，特产带鱼，且"卫嘴子"挑肥拣瘦地讲究吃本地带鱼，嫌外地的大宽鱼肉紧不入味。一碗新蒸的小站稻米干饭，一碟家熬带鱼，堪称最熨帖的饭食之一。

话说回来，这菜名中的"二他妈"是何许人？跟带鱼有嘛关系呢？老天津家庭生活中、朋友四邻间常指着孩子来称呼对方，这也就有了小二子他爸叫自己媳妇"二他妈"一说。若说"二他妈"咋就成"天津名人"了，她还得益于相声表演艺术家高英培、范振钰合说的《钓鱼》名段。相声中侃，二他爸见街坊会钓鱼，他不服气，吹牛自己也行，于是让二他妈给他烙个糖饼，以备外出饿了垫补垫补。结果糖饼接连没少吃，可鱼一条也没钓着，"归齐我一打听啊，明儿还来一拨儿啦，听说明儿这拨儿可不错啊，都是咸带鱼"。笑点来了，河沟里能出带鱼吗？第三天，二他爸从路边买回大小一样的鱼，到家门口就喊："二他妈妈——你快拿大

津味烹带鱼

木盆来诶！好家伙，我可赶上这拨儿啦！"《钓鱼》诙谐幽默，脍炙人口，二他妈、二他爸也由此成为天津家喻户晓的"哏人"。

男主外，女主内，熬鱼炖肉当然是像二他妈这样的天津巧妇的拿手好戏。单说鱼，津人通吃河鱼、海鱼、港鱼、洼鱼，什么鲤鱼、鲫鱼、带鱼、鲢鱼、平鱼、黄花鱼、刀鱼、马口鱼、麦穗鱼、梭鱼等，皆可熬着吃。天津熬鱼，特别是熬带鱼讲究大作料，而且讲究火候，大火烧开，文火慢炖，香气徐徐而来……

按说这般食不厌精总该可以了吧，莫急，早年间有不少吃主儿更讲究吃隔夜带鱼。怎讲？口味刁钻的吃主儿觉得刚出锅的带鱼还残留着水汽与火气，认为放上一宿它会更入味。第二天，家熬带鱼加热后，见其色泽枣红，一尝咸鲜略甜，酱香味浓，鱼肉细嫩软烂，堪称一绝。即便不甚讲究的人往往也觉得有些熬鱼"剩"一夜转天反倒更可口。品美食免不了"快"与"慢"，有的当然要趁热抢鲜下筷子，比如传统津菜中的炒合菜（豆芽菜为主）、爆虾腰、焦熘里脊等；有些则需要慢慢来，比如炖牛蹄筋、油焖大虾、虎皮肘子等"硬菜"。老天津十锦斋、文华斋的坛子肉驰誉城厢，那可是一两个时辰慢功所成，正是"好饭不怕等"的道理。

还说隔夜带鱼。若是家里孩子多，妈妈们还喜欢把旱萝卜、白萝卜、大白菜、粉丝等与鱼一起熬烩，多添点汤水，让鱼香汁完全煨入萝卜中，也是不错的下饭菜。当然，这也许会被富裕主儿叫作"穷吃"，人家说了，这么吃"撒味""遮味"，怎比得了原汁原味的隔夜鱼。

"二他妈"的热糖饼

津沽传统油盐大饼在中国面食中独树一帜，又热又香有滋味还顶饱，素来受人喜爱。相形之下衍生的津味糖饼，算主食也好，是小吃也罢，更富味更出彩。糖饼的传名要归功于相声老段子《钓鱼》。

说到《钓鱼》，其故事本就源自老天津民间小笑话，早在新中国成立之初，郭荣启便将此整理创作为相声，不久，马三立、张庆森合作又改编成对口相声。真正让《钓鱼》和其中的"糖饼"传名大江南北的是高英培、范振钰，二人在1958年左右进一步对段子进行了深度改编再创作，随后推出，至今久传不衰。

相声中的夫妇有儿小名叫二子，按天津民俗也就有了"二他妈""二他爸"的称呼。话说二他妈看邻居钓鱼吃鱼眼热，而二他爸爱吹牛，也要钓鱼去，且说到地方"闭着眼拿个百儿八十条来"。钓鱼外出要赶早，于是他让二他妈给烙个糖饼带着，以备垫补垫补。结果呢？鱼没钓来，到了第二天早晨却要俩糖饼，接下来故技重演，还增了饭量，"哎，二他妈妈，你给我烙仨糖饼！"如此这般，这句话传遍了整个天津卫大街小巷，成为人们玩笑调侃的口头禅。

天津人烙饼是拿手好戏，烙糖饼也属"小菜一碟"。还是烙大饼的技术，糖饼讲究先用油、面粉、白糖炒出稀软油酥，然后把

香气扑鼻的大糖饼

油酥均匀摊在软面坯上。也可减少油量，加芝麻酱，做成麻酱白糖饼。这类面未经发酵的糖饼饼皮酥脆飘香，饼心十层八层，薄如蝉翼，微甜绵软，抑或散发着浓浓的芝麻酱香气。再就是老年间主妇常烙的发面糖饼，以红糖馅（也可加芝麻）居多，三份红糖要加一份面粉调和，以免糖汁外溢。包法如同包包子，轻擀。热糖饼出锅，大可"白嘴儿"吃，无须就菜也很可口。当然，稍加变化也可烙成糖馅火烧、糖酥烧饼等，照样是"卫嘴子"百吃不厌的。

笔者记得，小时候，家慈烙的发面糖饼、做的糖三角特别好吃，面皮松软，糖馅滑滑的，不黏嘴，不外溢，赛过点心。逢外出春游或走远道串亲戚，老娘总是提前准备好糖饼给我们捎带着。有一次游园，聚餐时发现某同学吃糖饼时红糖馅滴答一身，大家见状笑成一团。我虽然小，但心里明白他那红糖馅的症结在哪，一定不如我娘烙的糖饼完美。

现下，糖饼已成为一些高级饭店的特色，与燕鲍翅、八大碗、嘦蹦鱼同登大席。似乎，天津人的幽默细胞与生俱来，直到今天许多人看到尝到糖饼时往往会一下子想起"二他妈给我烙个糖饼"的哏，甚至用纯正的天津话脱口而出。

特色"夹"饭食

从天津老味的烧饼夹牛肉、大饼卷馃子、大饼夹卷圈、大饼卷合菜，到今下的大饼夹茄盒（或藕盒）、大饼夹炒鸡蛋、大饼夹鸡排，乃至"网红"大饼卷一切，这些饭食（小吃）素来脍炙人口，究其缘由，大致与旧津码头商埠谋生食俗有关，重在快捷、方便、饱腹，且价廉物美。

民国时期卖煎饼馃子的少有现摊的，多是带着半成品，即做好一套一套放在食盒里。那时天津人吃煎饼馃子讲究吃脆的，食客前来，小贩要在铁烙子上把煎饼馃子煎烤一会儿，稍见黄嘎儿才叫好。一加热，豆的清香、长坯儿馃子的油香都被唤醒，接着抹上甜面酱，或撒匀葱花，然后对折煎饼馃子，夹上一个芝麻烧饼。其实，烧饼也一同在烙子上烤着呢，这一夹，入口微脆，芝麻香与煎饼馃子香交融，让人馋涎欲滴。早年卖煎饼馃子的几乎

大饼夹酱货特别香

全天候，煎饼馃子夹烧饼比较适合早晨起得晚的人，他们常买一套权当早午饭二合一了，可饱。另一部分食客是晚间出来消遣的"夜游神"，当夜宵吃。

再一特色"夹"是说夏季津人的饭食。天气热，许多人家过中午就不动火了，上午趁凉快多烙出几张饼，顺便熬一锅绿豆白米稀饭或绿豆汤，省得下午增加热源多出汗。晚饭前买些许煎饺回来，用饼夹卷一吃，再好点儿就几口凉拌菜，挺爽神。煎饺，两端不捏合的俗称"老虎爪儿"，饺子样的叫锅贴，前者的馅以鲜肉韭菜、三鲜馅为主，后者以西葫羊肉居多。饺子铺、串胡同的小贩都卖煎饺，小贩食盒里放瓷盘，一般一盘盛50个锅贴，常带两三盘售卖。傍晚，午前的大饼与刚买的煎饺还都温热，吃起来不至于冒大汗，也是油滋滋复合香的享受。

夕阳西下之时，胡同里隔三岔五还会飘来小贩的吆喝声："油炸虾米、油炸鱼、油炸小螃蟹——夹吃去吧——"这也是旧津风味。此外，老天津有的人早点喜欢吃热饼夹热炸糕，正餐喜欢吃大饼夹清酱肉、羊杂碎、肥卤鸡、松花蛋等。

上述"夹食"笔者基本都吃过，有的可谓爱吃、常吃。也曾见老派天津人特"肆横"的吃法——油盐热大饼夹海蟹（黄海蟹肉），配稀饭，堪称一绝了。有邻居猜忌人家哪来的这么多闲钱，人家甩出一句：汗珠子砸脚面辛苦赚的，这叫"大饼卷手指头——自己个吃自己个"，没毛病。

面筋菜

　　天津人餐桌上素来离不开又香又酥的油面筋，无论是饭店里的大餐，还是街头的便饭，总不难见到。做面筋俗称"洗"，把白面洗成纤维，然后油炸。老天津面筋作坊里有几口矮矮的大缸，用于和面、洗面筋，二三十斤面块需壮小伙子洗好一阵子才能洗净。文火炸，用大笊篱不断将浮起的面筋泡向下按，以便炸透。

　　传统津菜"八大碗"为人耳熟能详，它又分粗八大碗、细八大碗，前者中就有笃面筋、熘鱼片、烩虾仁、全家福等。清代诗人周楚良在《津门竹枝词》中记载，本地书院在考试之日供应早饭，6人一桌，无酒无凉菜，直接上粗八大碗、米饭，快捷方便，俗称"直跑"，菜品有烧肉、汆肉丝、汆丸子、笃面筋、烩滑鱼等。后来，笃面筋还衍生出虾子笃面筋，笔者曾见民国时期的《登瀛楼菜品价目表》，列佳肴130多道，其中就有此菜。流传至今，虾仁笃面筋、素笃面筋等依旧是老味名吃。

　　关于"笃"字，实为一种烹饪技法，与淮扬菜有关，是文火慢慢煮、煨的意思，我们在文末另叙。此外，津菜之扒菜系列还有经典的"四大扒"，乃与成桌酒席配套的饭菜，除了扒整鸡、扒肘子、扒肉、扒海参等，也常有扒面筋、虾子扒面筋、肉片扒面筋。

　　再说街巷饭食。老南市东兴街有家饭铺名叫文华斋，小店不

南味素什锦里少不了面筋

大，但所做坛子肉远近闻名，附带还有坛肉笃面筋。面筋吸足了肉汤，滋味很浓。老天津二荤馆（中小饭馆）里常备名菜炒荤素，它的主料有里脊、面筋，俏辅料玉兰片、黄瓜、木耳等，主辅料皆切成细丝。再说到1930年前后，老城厢常见一老者担着食挑子卖勾卤面筋、热米饭，勾卤面筋里还有油炸豆腐泡，现盛现吃，价廉物美，一些人权当快捷的午饭、晚饭了。旧时的烧面筋也传承下来，面筋为主，配冬笋、口蘑、香菇等，汁足味厚，类似津味老菜素烧四宝。

家常便饭"四碟捞面"为津门独有，打卤面的卤是核心，炝锅后，煸炒五花肉片，再加面筋、香干、黄花、木耳等。配菜必有糖醋面筋丝，酸甜酥香的口感真可谓老少咸宜。俗话说，人嘴难欺，"卫嘴子"讲究吃清油现炸的面筋，打卤时要手撕面筋块下锅，老陈面筋、刀切面筋入卤都觉得差点意思，口感差在哪，难以道来，这也又一次体现了美食滋味的精微特点，以及天津人口味的刁钻。天津家常饭中还有"津味素"包子、饺子，这类素馅中常配面筋丁，取其油香浓且蜂窝吸附性强。今人常吃肉馅馄饨，昔日天津有素馅馄饨，它是用面筋、香干、粉皮、香菇、笋片等切碎做馅，包出元宝形的馄饨。

说到素，老天津素食可大有名堂。早在清末民初，就有了真素楼、藏素园、蔬香园、素香斋、六味斋等十几家像样的素食馆。津味素菜所用的食材大多取自天然植物类食品或再制品，面筋、豆腐、腐竹等是主角。旧年还有几道素烹面筋菜，如炒面筋丝，菜中俏菠菜梗、笋丝，淋少许花椒油，属于下酒菜。

老天津是一座五方杂处的城市，南方人居津也多，南味食品销路广。旧年福煦将军路（今滨江道）上的森记稻香村、林记稻香村挺有名，素什锦是售卖的重要品种。南味素什锦选料考究，不惜成本，主料用面筋、黄花、果仁、玉兰片等，汁多味厚。森记还曾把江南的面筋球引进到天津，圆圆的小面筋球不同于津地随形大块面筋，因于面筋球中空中填入肉馅，在津还派生了新菜酿馅面筋。

现在要说笃面筋的"笃"字。长期以来，天津民间多俗写、白写为"独"或左为"火"，右为"笃"，但标准字库未收此写法。文史专家高成鸢曾答疑《章太炎："独"面筋应作"笃"》，文中释义一清二楚。有趣的是，笔者也注意到民国时期文人王受生还写成"镀"字。20世纪30年代，王受生曾任（天津）中华新闻社（1930年5月创办于法租界）经理，其小说曾在《天津评报》连载。王受生在1935年1月间的天津《大公报》发文，觉得天津面筋不宜矫饰，宜率真，偏是天津饭馆把它加上酱油、动物油"大煮而特煮，名之曰'镀'"。他说他始终不明白"'镀'得稀糊烂浆有何滋味？一样毫无美味的东西，任是如何'镀'也不会'镀'出美味的"。王受生晓得这道津味名菜，他接着附会、猜说："因为它的形式和肥肉相仿佛，使吃的人很有过屠门大嚼之意。"

面筋作坊油炸面筋是其一，副业还做水面筋。只剩纤维的面筋一个剂子一个剂子被作坊的人用布紧紧包成小块，然后在淡盐水里煮（不见得为熟，定型为主）。水面筋无味，但内里多细小孔洞，是特别能吸滋味的，适合俏头儿，更适合荤卤，或与鸡鸭肉一同炖煮。源于水面筋，老天津还有名菜叫华洋面筋，水面筋切丁炸脆，葱姜蒜炝锅，烹醋、酱油汁，加糖，挂芡粉，然后下面筋丁，抖勺，汁抱面筋丁，口感酸甜脆，别具风味。

"海吃"皮皮虾

津沽地近渤海，自得渔盐之利，天津人吃海鲜有得天独厚的条件，大对虾、琵琶虾、海蟹、黄花鱼等林林总总，唾手可获。许多让内陆人羡慕的海产在"卫嘴子"的餐桌上不算什么稀罕物，价廉物美，正所谓："海邦七十二沽传，贱买鱼虾不论钱。"食客们大碗喝酒，大个剥虾，痛痛快快。海鲜到了天津人的饭桌上叫"海货"，大有吞江吐海之势吧。

一方水土养一方人，天津人吃海鲜特别讲究季节，讲究应时到节，赶早抢鲜吃，难怪有了"当当吃海货，不算不会过"的比喻。

老天津家家煎炸烹熬，人人唇腥口鲜。海蟹鲜美，就是在奢华的宴席上也属于馋人的大菜，但天津人俗称的琵琶虾就没那么幸运了，虽然众人爱吃，但它其貌不扬，始终难上大酒席。细说起来，琵琶虾学名叫虾蛄，主要生活在近海浅滩的巢穴中。琵琶虾并非独产于天津，可在开春后到五六月间就数天津近海的琵琶虾最肥。

花红柳绿的季节里海蟹上市了，旧有诗言："津门三月便持熬，海蟹堆盘兴尽豪。"其实诗中描述的这"阵势"也是天津人吃琵琶虾的真实写照。肥美满黄的母琵琶虾最好吃，无论是清蒸、水煮还是椒盐，口味都很棒，它不仅有虾的鲜美，还兼具蟹黄的

渤海湾
盛产皮皮虾

嚼头。天津人对琵琶虾的钟情可以用"海吃"一词来形容，昔时街头巷尾菜店、水产店的琵琶虾、毛蚶（麻蛤）堆得像小山似的。

人们吃一顿常常是蒸足一锅。历来，琵琶虾在天津有很多种吃法，清蒸、白灼、油炒、香炸、椒盐，口味各异，无人不爱。讲究的天津人还剥出琵琶虾肉打三鲜卤或者包饺子吃，那鲜味让人叫绝。天津沿海小镇的人们特别喜欢吃涮海锅，食摊前的各种新鲜海货一筐箩一筐箩地码放着，琵琶虾是其中最活蹦乱跳的一种，任由好吃海味的食客挑肥拣瘦。餐罢，桌上堆积的蟹壳、虾壳像小山，不由得让你瞠目结舌。这或许就是天津食客的海量与口福。津沽食俗的独特与鲜明可见一斑。河海两鲜让天津人吃得畅快淋漓，吃得很有个性，大有风格。北京人不免羡慕，常见他们开车大老远奔到渤海边，猛吃一顿琵琶虾、海螃蟹才解馋。

"七尖八团"蟹正肥

农历七八月间，是天津河蟹最肥美的时节，豆瓣绿的青蟹横行，大量上市，老天津人俗说"都挤破街了"。自明代以来，天津卫的河蟹之美就已很出名了。在以明代中晚期市井生活为背景的《醒世姻缘传》中，天津螃蟹可谓中华美味之上品："高邮鸭蛋、金华火腿、湖广糟鱼、宁波淡菜、天津螃蟹……北京琥珀糖等。"明清两代，天津螃蟹也一直是进贡皇朝的珍馐。清康熙《天津卫志》中即有载："秋间肥美，味甲天下。"

天津人饱享地近河海之利，自然有太多的水产可供"挑肥拣瘦"。天津人吃河蟹素有"七尖八团"之说。所谓"七尖"就是雄蟹（俗称长脐、尖脐）在七月里满腔脂肪，肉肥味美；"八团"是说中秋节前后的雌蟹（圆脐、团脐）满黄顶盖肥，堪称上品。

老天津近郊的军粮城、咸水沽、小站、葛沽、芦台等地，乃至咫尺之遥的河北胜芳，此一带的稻田间都盛产河蟹。此时节，老天津街面上装满鲜活河蟹的大木桶堆积如山，商贩运往各地。仅举一例，梁实秋先生不仅晓得天津人吃螃蟹讲究"七尖八团"的风俗，还曾在《蟹》一文中回忆：从天津运到北平的大批蟹，到车站开包，正阳楼（饭店）先下手挑拣其中最肥大者。估计梁实秋也没少到正阳楼品天津河蟹的美味。

购销两旺孕育津门商市奇人。在南门路西鱼市便有大名鼎鼎的"螃蟹刘"。他卖的螃蟹盖青眼动，嘴角吐泡，圆脐的都露着蟹黄。不仅如此，坊间传说，螃蟹刘若看木桶里的螃蟹，无论是爬还是卧，他一眼就能看出圆脐长脐是肥还是瘦来。算得上是一招鲜，吃遍天。

天津所产河蟹的个头不算太大，但肉肥黄多，天津人喜欢蘸醋姜汁或醋蒜汁吃，提鲜增味，大有食不厌精的劲儿。老少爷们儿吃蟹最爱喝点小酒，俗话说"螃蟹就酒最可口"。这食俗颇有养生之道，因中医理论认为，蟹性寒，酒性暖，蟹肉有养筋舒气之功，美酒有活血驱寒之效，两者兼食相得益彰。

再说脍不厌细。天津人吃河蟹除了普通蒸食外，又很"奢侈"。人们专门剥出蟹黄、蟹肉，与韭菜、鲜肉、鸡蛋等一起和馅包饺子。还用蟹黄、蟹肉来烹调三鲜卤吃捞面，那鲜美程度无与伦比。

中秋河蟹最肥美

其实，早在河蟹大量上市之前，便有耐不住美味诱惑的人已经开始品尝"油盖"之香了。何谓"油盖"？河蟹从小到大需要蜕皮壳数次才能长成，一般在农历六月完成最后一次蜕皮，新壳软薄如纸，俗称"油盖"。这时的小河蟹尚不具备自我保护与觅食能力，于是早就在体内储备了丰富的营养，并栖身在洞穴里。油盖鲜美异常，心急的人就在六月里去掏蟹窝了。缘此，也就有了津味名菜雪衣油盖（将蛋清打成膏状抹在油盖上，炸食）、油盖烧茄子、熘油盖等，堪称一绝。乾隆年间天津举人杨一昆在《天津论》中即云："说着来到竹竿巷，上林斋内占定上房，高声叫跑堂：'干果鲜果配八样，绍兴酒，开坛尝！有要炒鸡片，有要熘蟹黄……'"

天津人过中秋，除了吃月饼、赏明月等必不可少的传统民俗外，观蟹爬，祈财运的习俗直到民国初期在民间还保留着。中秋节这天晚间，讲究生活情趣者，特别是商人，捉来鲜活的螃蟹，在蟹身上系上用油浸过的纸捻，点燃纸捻，来看螃蟹爬行的方向。若向门里，俗信接下来的日子会发大财；若朝外，则俗称"爬月"了，也并非不吉利。20世纪30年代中期的《丙寅天津竹枝词》中有道："买蟹归来不忍烹，今宵更任尔横行；相传爬月占休咎，纸捻燃灯照眼明。"

家慈生前很爱吃河蟹，常在吃蟹时给我们讲她小时候在城西杨庄子南运河河边的稻地里捉河蟹的故事。娘说那时候的晚间，事先准备好细绳，在一端绑上点稻穗，或在草坑里撒几粒米，然后用小手电一照，一会儿就可以扯上来一串螃蟹，真是俯首可获。每每聊起旧事，老人家总是笑逐颜开的样子。

再来说说天津特殊的小螃蟹——紫蟹，天津人说它"一菜压百味"。

紫蟹是津沽传统的冬令珍馐（银鱼、紫蟹、铁雀、韭黄等）之一，它不同于大河蟹，是春夏孵化出来的小蟹，生长在洼淀的草坑芦苇丛中或稻田间，吃小鱼苗、稻穗，秋凉后长至银圆（旧币）大小，然后蛰伏起来，俗称子蟹。此时的子蟹通身青褐色，壳上布满了紫色的斑纹，缘此又名紫蟹。

　　冬令成熟的紫蟹蟹皮很薄，肉质细嫩，且有足足的膏黄，鲜美程度非普通螃蟹可比。为了追求更完美的口味，天津有讲求美食者常在入冬后不等紫蟹游出，就去探挖蟹穴将它们捉出来。天津紫蟹早在清代就已飘香到皇城脚下了，崔旭在《津门百咏》中说："春秋贩卖至京都，紫蟹团脐出直沽。"

　　酸沙紫蟹、碎熘紫蟹、七星紫蟹、金钱紫蟹是天津卫的经典菜品，在满汉全席、冬令燕翅席中也占有不可替代的位置。"酸沙"技法独特，讲究酸、甜、沙的口味，稍咸微辣。烹制酸沙紫蟹大致是将处理好的满黄紫蟹切成两半，蟹黄要留在蟹盖上，佐以绍酒、姜汁、盐等上屉蒸熟。制酸沙汁时用干红辣椒、姜丝炝锅，加入番茄酱汁等调料，然后挂芡粉，点少许花椒油，再浇在紫蟹上。另外，鲜上加鲜的银鱼紫蟹火锅也传名至今，醇美鲜香之气飘满堂。直到今天，近在咫尺的北京人仍旧很钟情天津的各种蟹类佳肴，认为若能到天津吃上一顿堪称享受。

对虾与晃虾

俗话说：吃鱼吃虾，天津为家。大对虾在春暖花开时节上市，鲜美无比。其实，对虾并非津沽独产，但唯有老天津人亲切地称之为"对虾"。对虾并非"鸳鸯谱"，一是缘于春秋两季生长在渤海的大虾最壮最肥，二是老天津的独特民风——渔民在统计捕获数量或出售时按"对"来计算。

渤海湾的良好环境让天津成为中国对虾的重要产地之一，尾红、爪红的渤海对虾堪称其中的上品，昔年历来呈贡朝中。对虾也叫"沙虹"，它身长体壮，壳薄肉肥，光滑明亮，清代文人崔旭在《津门百咏》中便有"沙虹作对大盈尺"说法。对虾上市的时候，不仅在天津的海货店，就是街头巷尾也随处可见臂挎提盒吆喝卖虾小贩，大虾照样论对卖，俗称"一斤约俩儿的大对虾"。

天津对虾味道鲜美出众，富含蛋白质等，被广泛用于各种菜肴的烹制。两只对虾足够主妇们炒一大盘引人垂涎的菜品，可谓

烹大虾、炸大虾始终是
餐桌上的"硬菜"

物美价廉，老天津人的家常便饭即饱享口福，实在让外地人羡慕。对虾更是饭店应时到节必备的菜品，清蒸、红烧、油炸、甜烤等样样叫绝。对虾加工成片或段，可烹、熘、炒、爆；制成肉糜可氽虾丸、包虾饺，美味不迭。

再说晃虾。天津人好吃河海时鲜特别讲究季节，赶早抢鲜吃，大有过午不候的意思，吃晃虾就常见这种情形。

晃虾生长在渤海湾的浅海处，冬春相交冰凌未开之时最为肥美。这种虾的上市期只有十几天时间，可谓一晃而过。它皮色洁净透亮，在阳光下水灵灵晃人眼。天津名士陆辛农曾在《食事杂诗辑》中说："数来佳节说新正，百里渔群海上争；夺命小舟轻似叶，青梭白晃供调烹。"早年的渔民为了增加收入，争相在早春时节就划着小舟涉险破冰前往海口凿冰捕捞晃虾，所获也不过百八十斤。因此，晃虾一直与银鱼、紫蟹、铁雀、豆芽菜、韭黄、青萝卜、鸭梨一同成为了老天津的"冬八珍"。晃虾最适宜炸食，皮酥肉嫩，咸鲜脆香，烙饼夹着吃或下酒，风味绝佳。

清末《津门竹枝词》中又说："争似春来新味好，晃虾食过又青虾。"初春时节的青虾接连上市，炒青虾仁也一跃成为天津"细八大碗"中的当家菜，虾仁娇艳，黄瓜碧翠，令食客赏心悦目。

面鱼托儿与虾米托儿

"玉钗忽讶落金波，细似银鱼味似鲨；三月中旬应减价，大家摊食面鱼托。"摊托儿，烹饪之技也，此句是晚清名士周宝善（楚良）在《津门竹枝词》中的记载。细说起来，津沽特产面鱼（白条鱼）似银鱼，身细肉薄，滋味鲜美。周氏以美食家的眼光将晶莹白皙的鱼儿视为玉钗，而"金波"则是鸡蛋液的生动比喻。您知道吗？面鱼托儿甚至博得过乾隆皇帝的赏识。

民间传说，有一次乾隆下江南过津途中驻跸大沽造船所一带，闲暇时微服出游，误打误撞吃到渔民做的面鱼托儿，其美味深得乾隆赏识，称"为上生平不识之味"。皇上吃面鱼的故事传遍十里八村，后来还被收入《沽水旧闻》中。天津人越来越爱吃面鱼，除传统面鱼托儿之外，锅塌、软炸、清炒皆脍炙人口。

老天津有俗话"别拿小虾米不当海货"，是形容勿小瞧某些人、某些事，或许也能有所成。乍暖还寒的时节，极细小的海白虾上市，津地也俗称虾丝子、麻线儿、蠓子虾（蜢子虾）。慢慢洗净沥半干，稍加面粉、鸡蛋、葱花搅成糊，上锅摊饼煎食，俗称虾米托儿。虾丝子还能炒鸡蛋、炒春韭吃。值得一提的是，它更是做虾酱当仁不让的食材，天津北塘、汉沽的虾酱素来驰名，虾酱豆腐、炒虾酱佐玉米面饽饽也是如今大饭店里的一道主食。人们看中小虾丰富的钙质，视为补钙的风味餐。

摊虾米托儿离不了鸡蛋

入秋，色艳浑圆的旱萝卜开卖，津人会摊咸食。旱萝卜切细丝稍焯半熟，配上几个鸡蛋与少量面粉，喜欢的还可加少许胡椒粉、葱花等提味，调成糊状摊咸食。天津有的家庭也依北方食俗，俗称"招待姑爷摊咸食"。上述类似食材搭配还能做油炸素丸子，也是尤有特色的津味小吃，新炸的素丸子酥香，下酒、配菜风味好。现下有的摊贩也卖胡萝卜做的素丸子，但味道不及旱萝卜的香。

与摊托儿相近的还有烀饼。先做素韭菜馅，与此同时和好半稀的玉米面，把玉米面摊到锅中，再将韭菜馅铺覆在玉米饼上，无须翻个，文火烙，烀饼即成。烀饼切成角吃，与同样馅料的素包子、菜团子滋味却不同。馅子一样，做法不同，口味千差万别。

大翻勺出菜"四大扒"

我们说过老天津的"八大成"，那是专营宴席的高档饭店，不便接待散客，其实，紧步后尘诞生的"二荤馆"更接地气、近民生，食客络绎不绝。二荤馆从档次规模上虽稍逊于大饭店，但既能办酒席又能接待散客。

扒菜是二荤馆的拿手好戏，这类菜肴上灶前常为熟料、半熟料，事先已在盘中码放好，汤汁也大致配好，食客点菜后入勺上火入味提香，快速成品端上桌，缘此还衍生了闻名遐迩的"四大扒"。四大扒实为代名词虚数，八扒、十六扒等当然不在大厨话下，如扒海参、扒整鸡、扒整鸭、扒方肉、扒肉条、扒肘子、扒海参、扒鱼块、扒面筋、扒鸭子、扒羊肉条、扒牛肉条、扒全菜、扒通天鱼翅、扒海羊（鱼翅、海参、羊肉、羊蹄等）、扒蟹黄白菜等，不胜枚举。上席面时往往选其中四样，兼顾鸡鸭鱼肉即可。

花开两朵，各表一枝，说说扒全菜、扒蟹黄白菜。扒全菜的主料多达八至十种，有荤全菜、素全菜、荤素全菜等。扒全菜的各种主料拼配合理，注重色彩效果的同时还讲究刀法，或条或段或片兼而有之。扒全菜大多保持了食材本色，滋味慢慢烹入菜品。老天津高档宴席为提高品位还添加了鲍鱼、蟹黄等，形成了扒鲍鱼全菜、扒蟹黄全菜。再说那上得了高档大席的名菜——扒蟹黄白菜，经勺扒而出，乳白与橙黄相间，清淡软嫩的白菜佐以鲜香味醇的蟹黄，清新自然，自是赏心悦目。重要的是，经过翻勺烹制后的扒菜讲究原形不乱不散，仍像事先摆盘时排列有序。

老天津有不少知名的"二荤馆"，如天一坊、十锦斋、慧罗春、燕春坊、四海居、中和楼、先得月等。二荤馆中的厨师并不差，大多出师自"八大成"，所以其经营待客游刃有余，恰如老广告所云：时珍海味、喜寿宴会、应时小酌、家常便饭一应俱全。扒菜是二荤馆的一大特色。

因扒菜事先大多已在盘中码好摆好，所以入勺入味时尤其讲究大翻勺，是成菜的关键环节之一，又名"勺扒"。天津厨师大翻勺的厨技大致有前翻、后翻、左翻、右翻等几种翻法，即把锅内食材做180°翻转，让食材通过翻勺达到类似"底朝天"的效果。因厨师操作动作大，翻转幅度大，故美其名曰大翻勺。初学乍练的小徒弟玩不转大翻勺，因为要领不少，且需心领神会，比如翻勺时要用油滑锅，让炒勺顺滑好使，防止食物粘勺翻不起来；翻勺时需旺火，手腕、手臂、肩、腰既要发力又要有柔劲儿，动作干净利索，协调一致，特别是眼要盯着勺内，轻扬轻放，一气呵成，最大程度保持菜品造型美观；炒勺内的菜品还得轻轻转动几次，最后淋上明油。

扒肘子

左右翻勺也似行云流水，甚至让人眼花缭乱。左手握稳炒勺，慢慢晃动锅中菜肴，再把锅拉离灶头旺火，同时抬起，随即送向右上方，把锅抬扬至与炉灶面60°至70°的位置。扬起时，手发力把锅向后勾拉，使菜肴腾空向后翻。借着菜"飞出"的惯性，顺势将锅的角度变小，与菜一同下落接住菜肴。拉、送、扬、翻、接，一整套动作须准确，协调一致，一气呵成，不可停滞分解，绝非一日之功也。

肘子肉与炖火方

美味肘子是老天津宴席的重要菜品，满汉全席里有，四大扒中也有。许多天津人认为大席面上若没有肘子、炖肉之类的菜品，有不管饱的意思，肘子如此也就成了主家表示诚意的压桌菜、看家菜，天津也俗称"挡口"的。

天津厨师将肘子做出了百般花样，比如传统的烧肘子、虎皮肘子、扒肘子，时下的水晶肘子、凉拌肘花等，口味繁多。烹制虎皮肘子一般选用后肘，大料、葱段、姜片、料酒、酱油、盐、白糖等作料一应俱全。所谓的"虎皮"源自火烤，将肘子的肉皮慢慢烤糊后用温水泡透，再将糊皮刮去、洗净，这时的肘子表面呈金黄斑驳如虎皮的样子。入高汤用文火煮至七成熟捞出，在肘

老天津的菜单上必备
人们爱吃的肘子菜

子上切十字花刀，然后添加少许高汤和作料再煮1个小时左右待其熟烂出锅。肘子还要在炒勺中完成精心的烹调，加蒸制时溢出的原汁，加高汤，使之不断入味，最后淋过淀粉来个大翻勺把肘子溜入盘中。虎皮肘子皮糯酥软，肉烂如豆腐，肥肉不腻，瘦肉不柴，真叫人口水连连。不仅如此，天津天合居大厨魏天成掌灶烹制的回锅肘子等也是旧年的一道名菜。

再有，作为中国北方最热闹的水陆枢纽，老天津海河边、运河畔的码头林立，装卸繁忙。这里每天忙碌着大量的重体力劳动者，他们的一日三餐必须要吃足吃饱，大饼卷肘子是他们经济实惠的上佳选择之一。街边的酱肉铺、小食摊以及挎提盒的小贩卖热肘子、热大饼、热饽饽的比比皆是，食客如云。天津人喜欢吃大个的肥肘子，生肘子每个三四斤重才叫棒，炖得又酥又烂的肘子肉用新烙的大饼一卷，肥美汁多，穷苦的伙计们吃上一顿真比过大年还要美。

肘子是大荤，亦可变大素。素菜、素席是天津饮食文化的重要组成部分，清代中后期，以大胡同真素楼、藏素园等为代表的天津素席、素菜已经很有名气了。素菜所用的原材料皆为天然植物性食品或其再制品，如五谷杂粮、新鲜蔬菜、各种菌菇等。比如用山药烹制出的扣肉；用豆腐烹制的扒鸡块，以及素仿的酱肉、扒肘子、海参等，色香味形质皆可乱真。

炖火方，20世纪三四十年代天津的一道名菜。"火方"字面之意是切成方块的火腿，其实没那么简单，如若不然，哪来"食不厌精"一说。火腿，以浙江金华一带所产驰誉天下。从蹄到腿向上数，火腿分为火爪、火膧、上方、中方、滴油五个部分，其中以上方、中方最令人馋涎欲滴。上方是腿肉最集中之处，骨头少，肥瘦相间，这才是名副其实的火方，当然金贵。再说好火腿讲究

火腿是烹制火方的好材料，旧
年老字号里像这样陈列着食材，
让人垂涎欲滴

陈年，密封在库的火腿，二至四年不等（久不超五年，否则干柴）。选二三年的火方，师傅用刀去掉边边角角，仅取方方正正内里一小块。脍不厌细与"奢侈"二字如影随形，这便是炖火方一菜的核心。

诗云："清水出芙蓉，天然去雕饰"，虽然火方可蒸、炒、焖，但好食材往往无须太重味烹调，津味炖火方便是清炖，求本真鲜美。80年代初，天津统战部门曾组织久居海外的老天津人撰忆旧文章（均未署名），其中一作者对昔年天津的炖火方念念不忘，在文中描述："汤清而不浊，肉烂而不柴，味鲜而不腻，色香味俱臻绝境，食后实有'此菜只应天上有，人间哪得几回尝'之感。"作者称其在老北京吃"谭家菜"时也品过炖火方，津味与之难分上下。"谭家菜"当年名噪京城，且有"曲界无腔不学谭（谭鑫培），食界无口不夸谭（谭家菜）"一说。

炖火方，是美丽川菜馆的招牌菜。菜馆详确地址在哪？常见史料乏载。据1935年左右、1948年的《天津电话号码簿》显示，地址在旧津法租界24号路（窦总领事路，收回后为一区长春道）天祥市场便门，30年代的电话号码为22039，到1948年版变更为26359。菜馆隔壁有家小吃店，名叫冷香室，据《北洋画报》上的冷香室广告显示，地址在"天祥市场北便门"。

名厨王正廷当时在美丽川菜馆，炖火方、干炒牛肉丝便是他的拿手好戏。有人讨教如何做好炖火方，王正廷提及三要素——取材、作料、火候。传说他从整个火腿上只割下五寸见方的肉来用，重量还不到二斤。选好肉后用清水慢浸，复浸，再加陈年绍酒（黄酒）去腥。讲究文火炖，过程中不掺水，历经10个小时左右方成。至于其他细节也许保密，或只可意会的厨技了。

同时代上海也有一家美丽川菜馆，且曾得美食大家唐鲁孙的关注。津沪两家是否有"连锁"关系呢？待考。现下，与炖火方类似的有江浙名菜清汤火方、蜜汁火方等，以汤清见底、滋味鲜美、肉质酥香而传名。

厨师重视高汤

　　许多朋友很回味旧日里少年时喝过的高汤馄饨、高汤面。俗话说得好，无菜不用汤，精于调味制汤是天津烹饪的重要特点，天津厨子乃至讲究生活的天津主妇无不将制汤置于烹饪的首位，与此同时，蹲汤、制汤与炒嫩糖色又是厨师的三大基本功，技术不过硬无法出师。津菜文化中的汤有毛汤、清汤（高汤）、白汤、素汤之分，制法与用途各有不同。毛汤要吊，白汤要焖，清汤要蹲。天津上汤追求风味自然纯正，鲜美醇厚。

上好的汤菜往往离不开高汤

毛汤用生鸡、生肉、生排骨等长时间煮，将骨肉中的蛋白质充分溶解在汤中。制高汤就没那么简单了，所谓蹲汤是用文火慢慢来，汤始终不见大的沸头儿。蹲制过程中的"红哨子"和"白哨子"很关键。红哨子是牛肉或鸡腿肉的肉蓉加姜汁、料酒做成的圆饼；白哨子是鸡胸肉的肉蓉加蛋清做成的。红哨子、白哨子先后很有效地吸附了毛汤中的杂质，使高汤清明似水，醇香浓厚，堪称厨师的一大法宝。上好的高汤在放至凉以后可以凝成冻儿，晶莹滑颤，是烹制一品官燕等奢华汤菜的核心。白汤如同奶汤，主要是用鸡鸭骨架和排骨熬汤焖制出的，更多用于需要白汁的高档菜。另外的素汤讲究提，技法巧妙。黄豆芽熬出的素汤很白净，厨师用去了核的苹果投入汤中，祛除了素汤的豆味。

比如老天津真素楼有"素菜大王"的美誉，素仿的酱肉、扒肘子、海参、黄焖鸡、黄焖鸭条、红烧鱼、糖醋鱼等，色香味形质皆可乱真，素雅清香，可谓别样的美食享受。真素楼用黄豆芽制的雪白浓汤，较鸡、鸭高汤也更胜一筹。再说顶级津菜一品官燕，它是一道以燕窝为主料的、用余的技法烹制成的汤菜，顾客品尝的时候要将燕菜丝一点一点轻推入汤中，或把燕菜丝分到每个人的小碗里，一一浇上高汤，还可撒上少许香菜末来提味，按时下的话说，高汤可谓这道菜的"灵魂"。

高立豆沙非"高丽"

读者朋友在现下的菜单上常见天津名吃"高丽豆沙"或"高丽银鱼",那"高丽"二字缘何而来?其实它出自"高立"二字。

所谓"高立"实为高立糊,学名蛋泡糊。做高立糊需先将新鲜鸡蛋的蛋清分离出来,用几根筷子或打蛋器朝一个方向抽打蛋清,直到蛋清膨胀起来,达到在蛋糊中能立住筷子不倒才叫好。此乃"高立"得名的由来。因蛋

昔日天津饭馆的菜单

清糊白白的,所以这小吃又有俗名叫雪衣豆沙。烹制时要先把豆沙馅做成小圆子,滚沾少许面粉,再均匀挂高立糊,用清油炸至金黄色。如果糊裹得好,豆沙球在热油中会转动。装盘后,爱吃甜的食客还可撒点冰花糖。高立豆沙酥软糯甜,尤受妇孺欢迎。

老天津名厨丛大嵩曾在登瀛楼饭庄掌灶27年,高立豆沙就是他的拿手绝活。至今,因为制高立糊的技术难度,所以高立豆沙是厨师考试常要考到的一道菜。

炸银鱼也离不开高立糊。银鱼是津地特产,与铁雀、紫蟹、

韭黄并享"冬令四珍"美誉。早在明代，朝廷就曾在渤海边设银鱼场太监，专办银鱼呈进宫中。清同治年间诗人周宝善在《津门竹枝词》中赞美："银鱼绍酒纳于觯，味似黄瓜趁作汤；玉眼何如金眼贵，海河不如卫河强。"1931年版《天津县新志》卷二十六"物产"中又记，天津"鱼类多常品，唯银鱼为特产，严冬冰冱，游集于三岔河中，伐冰施网而得之，莹清澈骨，其味清鲜，非他方产者所能比"。

渤海银鱼色白如玉，肉嫩味鲜，烹制前要处理干净，沥去水分，以盐拌匀稍腌，然后裹匀面粉再挂高立糊。银鱼逐条拖入温油炸成金黄色。高立银鱼上桌下箸，口感外酥香，内鲜嫩，常有黄瓜般清香飘来。同时可配微咸白汁（高汤清汤加盐、味精烧沸，勾芡）、椒盐、辣酱油等小料蘸食。

萝卜白菜各有所爱

　　青萝卜、大白菜、黄芽韭、大蒜并列为老天津四大名菜，享誉世界。昔年入冬，天刚擦黑，胡同里就会传来小贩卖萝卜的吆喝声："萝卜赛梨嘞——""崩豆儿——萝卜——""萝卜赛梨，辣了换——"小贩们臂挎柳条篮，洗净的萝卜用白毛巾盖着，湛青碧绿的。萝卜整个买也好，打角卖也行，图个常主顾。

　　小刘庄萝卜的历史悠久，传说动人。明代嘉靖年间有个受宠的皇妃爱吃南方的荔枝，但因交通不便难以保鲜，于是宰相严嵩献计将荔枝树连根挖出，装船运到天津再用快马送达京城。荔枝树的余土就倒在了海河畔小刘庄，日积月累。后来小刘庄人就在这片沃土上种植青萝卜，萝卜果真色翠味佳，于是就传下了"好吃不辣，刘庄萝卜赛鸭梨"的美誉。

　　无论是来自小刘庄的还是杨村的、葛沽的、沙窝的，卖萝卜的小贩们都能编出些故事来，无非是招徕吃主儿多挣壶醋钱罢了。"卫青萝卜"不糠不辣，吃到嘴里嘎嘣脆，可润喉开胃，消食解腻。才吃罢晚饭的老少爷们儿边品茶边吃萝卜，绝对是一种享受。

　　不只是吃零嘴儿消遣，青萝卜作为时令菜肴可生可熟，可荤可素。如果是熟吃的萝卜不必要求如翠玉水晶般那么苛刻，只要不糠不空心就说得过去。至于凉菜，天津人爱吃糖醋萝卜丝、水果萝卜丝等，酸甜可口，理气降火。当然，暴腌青萝卜、青萝馅素包也是家常的吃食。热菜热汤可以配上虾皮、粉丝、汆肉丸，特别是在三九天，青萝卜丝肉丸子汤和稻米饭堪称"卫嘴子"餐桌上的经典，萝卜爽嫩，肉烂鲜香，汤浓色白。青萝卜丝肉丸子汤还曾被相声大师侯宝林风趣地说到了相声里。

剧作家、小说家汪曾祺也喜欢天津青萝卜，并称"天津吃萝卜是一种风气"。20世纪50年代初，汪曾祺曾到天津劝业场天华景听曲艺，他回忆，座位之前有一溜长案，摆得满满的，除了茶壶茶碗、瓜子花生米碟子，还有几大盘切成薄片的青萝卜。汪曾祺不仅品尝了"水大青脆而不辣"的天津青萝卜，还晓得"萝卜就热茶"的俗谚。其实，汪曾祺也是美食家，他在全国各地吃过各样萝卜，但认为听玩意儿时吃萝卜是绝无仅有的天津卫民俗。汪曾祺曾推测那萝卜可能是老天津小刘庄种植的，可见他对这天津名产的印象之深。"卫青萝卜"很早就畅销海外，甚至比水果还有身价，如今更成为走亲访友的礼品。

话说回来，萝卜白菜各有所爱。白菜的营养价值不低，碳水化合物、纤维素、蛋白质、矿物质、维生素等含量颇高。医食相参，中医认为大白菜性味甘温，可以解胸烦，消渴，通二便。寒风中谁感冒了，用白

白菜豆腐保平安

菜根煎汤喝下，或许会收到一定的效果。

　　大白菜是北方人特别是天津人秋冬两季的当家菜，至少在三四十年前秋风劲吹的时节，天津的菜店还都在路边码大垛卖白菜，街坊四邻不畏严寒竞相排队购买，情景煞是壮观，哪家若不存上几百斤菜就不叫过冬，城郊或乡镇的农民更是深挖地窖储存白菜。别小瞧大白菜在家乡三分二分的不值钱，但走出津城可就金贵了，出口到东南亚，一棵白菜在那里系上红绳后身价百倍。

　　天津本地白菜大致有白麻叶和青麻叶两种。人们最爱吃晚熟的青麻叶，上好的青麻叶直挺如棍，菜帮薄而细嫩，菜叶经脉如核桃纹，水分大，菜筋少，开锅就烂。冬至，经过整理的青麻叶在窖中再培植半个多月就成了著名的黄芽白菜，这种蔬菜早在清朝就有了"嫩于春笋"的美誉。

寒冬细菜"火炕货"

旧年天津蔬菜品种少，细菜更金贵，即使到了春节前，挑担串胡同的小贩所卖也不过是青麻叶白菜、洋葱、青萝卜、胡萝卜、土豆等大路货。富户人家想吃细菜？有，比如韭黄、黄瓜，价高自不待言，恰似当时竹枝词言："菜韭交春色半黄，锦衣桥畔价偏昂。"这里的"锦衣桥"即锦衣卫桥，位于河北小关金钟河。

老天津人俗称冬天的新鲜细菜叫"火炕货"，暖窖中产。暖窖的北、东、西三面有围土墙，南面、顶棚朝阳，还需专门伺候火炕来保持窖内温度。韭黄（黄芽韭）是火炕货最著名的"代表

嫩如翠的韭黄

作"，天津蔬菜四大名产之一。津产韭黄约始于清同治年城西芥园一带，传说腊月里有个菜农在花窖里不经意间发现肥土堆下长出了一茬黄色韭菜芽，割下做成了饺子馅，味甚美。到了光绪年间，培育韭黄的方法逐渐传开，包括绿韭菜在内，它们在窖里十天半个月就能收获一茬，恰可应年景。

数九严寒春节前，卖白菜、萝卜的小贩把菜装在筐篓子里，并不用太多苫盖，因为很快就能卖完。卖火炕货则不然，需在筐里做个棉套，顶上还要盖小棉被，像呵护娃娃一样为韭黄、韭菜、菠菜、黄瓜等保温保鲜。买白菜可挑挑拣拣，买稀罕细菜可不成，掀开折腾时间长了会冻伤菜。有的菜农用红绳将一把韭黄捆扎好，看着爽眼、吉庆，还能当过年串亲戚用的礼品菜，招人喜欢。特别在除夕，包上一顿俏韭黄的肉馅饺子，那滋味真是非同寻常。

第八辑

街头巷尾的吃食

焖鱼酥香

又香又酥的焖小鱼是天津独流的特色凉菜，它色泽酱红，滋味微酸兼带甜咸，吃起来开胃解腻，回味绵长。就这样一道不起眼的小菜，却以丰厚的食文化积淀，成为当地乃至天津的"名片"美食——独流焖鱼，长久以来广受食客好评。

独流焖鱼得益于古镇一方水土，得益于特产老醋。子牙河、大清河、南运河在天津静海独流汇聚合一，此间地沃水美，粮满囤，鱼满舱。烹鱼时爱放点醋，是独流民俗，久积成习。明代，静海县属河间府辖，嘉靖年《河间府志》中便有"独流产鱼醋"的记载。"鱼醋"大致即指烹鱼所用的调料。入清以来，独流酿醋技术更加纯熟，名满北国，与山西陈醋、镇江香醋一并被誉为中国三大名醋。民间传云，乾隆皇帝一次沿运河下江南时途经独流，

入口即化的焖鱼

闻醋香阵阵飘来，于是登岸品尝，果然风味绝佳。龙颜大悦下的独流老醋一跃成为贡品，每年腊月（伏酱腊醋品质最佳）呈进皇城。

独流老醋也让黎民百姓饱享口福，光绪三十一年（1905年）的《直隶全省商务概况》中记："天津府静海县独流醋行销天津、河南、山东。"在天津老城厢，除酱园门市外，串胡同卖酱醋的小贩给住家户带来不少方便。独流乡人每天一早携两大桶醋辛苦进城，边走边吆喝"独流老——醋"，声中"独流"二字占一拍，"老"字拖长腔，"醋"字短促，煞是好听，特别是那"老"字正是陈酿的最好说明。

陈香老醋为焖鱼散香带来重要的佐味支撑。传说清朝末年独流有个叫曹三的厨师脑瓜机灵手艺好，他把当地多产的小鲫鱼油炸后，加老醋用文火焖至骨酥刺软肉松烂，成为别具风味的焖鱼。又传北洋时期直系军阀首领、贿选总统曹锟曾专程到独流品尝过曹三焖鱼，食罢大加赞赏，还赏了数百大洋（银圆）。一传十，十传百，引来当地厨师竞相效仿，独流焖鱼广传津沽。

美味流传至今，一直是大小津味菜馆的拿手凉菜。现下看来，其烹制并不算难，如果您耐不住诱惑，今晚就不妨一显身手吧。选十条八条鲜活小鲫鱼，准备好独流老醋，外加食油、葱段、姜片、蒜瓣、八角、盐、白糖、料酒、酱油、高汤等。先收拾鱼，去鳞去内脏洗净，沥去水分，然后用六七成热的油将鱼炸至金黄，接下来炝锅，放八角、葱、姜、蒜爆香，烹入老醋、料酒、酱油，再加些许高汤，把炸好的鱼摆入锅内，点适量盐与糖，煮沸后改文火焖，约两三个小时即成。烹制独流焖鱼的时间并不算短，但天津卫有俗话说"好饭不怕晚"，美味，往往在等待过程中最让人垂涎，这独流焖鱼又何尝不是呢?

津味烧饼是一绝

津味烤烙面食品种繁多，大饼、烤饼、芝麻烧饼、油酥烧饼、麻酱烧饼、什锦烧饼、缸炉烧饼、螺蛳转烧饼、一品烧饼、糖火烧、肉火烧、棋子火烧、牛舌饼等花样百出，十天半个月也吃不重样。

芝麻烧饼外皮酥脆，芝麻烤成金黄色，香气四溢，内里松软。油酥烧饼咸香酥脆，油香四溢。随着人们口味的不断丰富，后来的油酥烧饼也包入了各种或甜或咸的馅心，成为类似点心的馅烧饼。传统的炉干烧饼是扁圆形的，中间凹四周高，外皮金黄香脆，里面松软，淡甜口，颇受欢迎。

棋子小烧饼赛点心

老天津人烤烙面食也创出了品牌，比如有近百年历史的杜家火烧、明顺斋什锦烧饼等，至今也是外地人来津必尝的特色小吃。

杜家火烧约创始于1918年前后。最初，杜家人只是在街边摆个摊子边做边卖，杜家人为人实在，所售火烧个大味好，自然招来了很多回头客，生意逐渐红火起来。杜家的火烧、烧饼、蒸食严守老规矩，从用料到制作一丝不苟。杜家烙火烧有绝招，比如用油，先用大葱、大茴香等把油炼制好，然后再合酥，如此而得的火烧味道更加纯正清香，是老年间南门鱼市一带的"双绝"之一（另有卖螃蟹的"螃蟹刘"）。新中国成立后，杜家火烧的品种不断出新，烙制出甜咸馅、红果馅、豆馅等多种口味的火烧。美食自传名，据说20世纪50年代初，京剧大师梅兰芳来津演出时也慕名品尝了杜家拿手的油酥火烧，食罢大加赞扬。

明顺斋的什锦烧饼也同样名气出众。明顺斋创始于20世纪20年代中期，起初承袭三岔口北岸唯一斋打烧饼的技艺，有鲜肉、白糖芝麻等口味，后来又增添了枣泥、红果、豆沙、豌豆黄、咖喱牛肉、梅干菜、萝卜丝、冬菜、香肠等品种。明顺斋的烧饼用热香油与精面粉和成酥面，擀开面团卷成卷以后再包馅，经过烙、烤等几道工序而成，具有外皮金黄酥脆、内馅香鲜的特点，博得了食客的交口称赞，曾获得过全国食品金鼎奖。

天津其他口味的烧饼也不少，比如吊炉烧饼、缸炉烧饼，还有萝卜丝馅烧饼等。吊炉实为半球形的连铛带

烤烧饼的场景现在也成了民俗文化展览的一部分

盖的烤箱，铛底之外的半球外壁涂满厚厚的泥巴或耐火土，以保持吊炉内的温度。吊炉前面开设有小门，方便进出生熟烧饼。吊炉运用杠杆组合的原理，可以吊起左右移动控制火候。吊炉烧饼的表面金黄诱人，芝麻香而不焦，饼面微微鼓起，口感略咸。老天津西头大伙巷的石记吊炉烧饼香飘四方，一般过了中午就售卖一空了。

昔日南市华安街口卖萝卜丝烧饼的也很知名。这种烧饼的馅是用蒸半熟的旱萝卜丝加上海米和几样佐料制成的，口味清香。2001年，天津一家高档酒楼在传统风味的基础上改良出一款精致的面点——萝卜丝酥饼，馅选白萝卜、火腿、大油、芝麻等，用油酥面包皮，用温油炸制而成。由于口味出众，酥饼获得了当年烹饪技术比赛的金奖。

烧饼夹酱牛肉一般选择芝麻烧饼和用老汤酱制的牛肉或牛腱子。刚出炉的热烧饼夹上冷切牛肉，肉汁旋即渗入烧饼心，那滋味不是一般吃食可比的。

再说说包馅的肉火烧和三鲜火烧。鲜肉馅一般要添点俏头菜，春夏俏韭菜，秋冬俏白菜。肉馅盛在瓷盘中，肉馅表面撒满细碎的炒鸡蛋、海参、虾仁，这样是为了便于每个火烧里都能包进三鲜馅料。软面剂擀成或方形或圆形，中间放馅，对合包成长方形或枕头形，两端需压严，然后上铛煎制。由于面软，上铛时要顺势把软软的火烧坯子搭在铛里，所以天津人又叫它"褡裢火烧"。炉火上的铛被架成一边高一边低，热油集中在低处，煎火烧的人用长铲不断把热油撩浇到火烧上，火烧两面见嘎，金黄酥脆。表面浮油还吱吱作响的火烧端上桌，顾客拿筷子一敲，保证有响声，否则属于煎得不到家。旧日里北门外的一条龙、半间楼和南市建物街的大福林就曾把这几样火烧做得绝顶好吃。

　　顺便要说的是，与肉火烧馅料大同小异的"馅子货"还有老天津知名的各馅锅贴。这种锅贴在包制时先在面皮上抹些肉馅（这是固定的"底馅"），然后根据不同食客的要求，再把炒鸡蛋末、海参末、虾仁、木耳丁等分别加在肉馅上，形成多种口味。每到饭口，老城东门中立园的各馅锅贴始终供不应求。

　　天津民间有不少烤烙烧饼的能手，比如1978年的时候天津搞过一次早点会战，丁字沽新村饮食基层店的李大姐打的芝麻烧饼不仅味好，分量也准，连称三秤，个个如一，评委无不叫绝。

趁热吃炸糕

天津传统风味江米面红豆馅炸糕堪称北方小吃一绝，且素有大牌名扬四方，其历史广有讲说，不赘。聊到某些民间小食，今人爱说"自家门口那个最好吃"，此话不无道理，联想到老天津街头巷尾、庙会集市常见卖热炸糕的摊贩，街坊、游人吃主儿络绎不绝。民国时期冯文洵《丙寅天津竹枝词》中说到炸糕："买糕记取北门北，什锦元宵祥德斋"，其中的糕，即北门外增盛成的炸糕。

天津爷们儿形容小日子过得好、活得滋润，叫"吃香的喝辣的"，炸糕在旧年算得上高级吃食，也是生活富裕的标志之一。相声大师马三立在《十点钟开始》中即说："再过几年你见着我，我就不是这样了……我钱就多了，有钱！我就买被卧，买棉帽子；有钱我就吃，吃炸糕！我吃油饼！吃啊……"当然，表演中并没提怎样吃炸糕，难道这还有讲究？

是，津人爱吃现包现炸的，趁热，甚至最爱稍微烫嘴的眼瞅着才出锅的炸糕，嘘着热气下嘴，觉得此刻的滋味最棒。温度，是许多美味的灵魂，对于炸糕来说也是一样，温凉后油与江米面的口感不免逊色。这也反映出"卫嘴子"口味"刁钻"的民俗特点，因为很多人常自诩"吃过见过"。说"刁"，还表现在炸糕现包。不熟悉津俗的人也许以为像包饺子、包包子，慢慢做好一排盖先放旁边待集中下锅上屉，做炸糕则不，商贩老规矩守着一盆江米面、一盆豆沙馅，现包现团顺手下锅，而少见等半天集中一起下的，因为半湿半软的江米面比较"娇嫩"，久了难免发酸、发苦，影响口感，尤其是在夏天；二也需顾及炸糕外观别太塌。

除了趁热趁脆吃，天津老饕早点还有一种吃法——用现烙的热油盐大饼夹热炸糕吃，二者的油香、咸香、甜香交融复合，别具风味。有文友同好美食，他还听说过昔日更有趣的吃法：炸糕放盘中，用小叉子先在糕面上扎一圈小孔，然后掀开金黄脆皮，先细品些热豆馅，再皮馅同吃。类似个性吃法在民间不常见，权算一例，大致更适宜慢条斯理的正餐吧。

天津人卖炸糕、吃炸糕一向以早餐为主，随着饮食生活的飞速发展，炸糕馅也增加了桂花、红枣、玫瑰、草莓、菠萝、黑芝麻等多种口味，且逐渐登上了正餐席面，还衍生出连锁"专门"餐厅。笔者曾吃过一样高级炸糕，主食，器皿为木雕花枝造型，每个枝头各托一炸糕，犹如累累果实。那炸糕口味很好，但笔者一介布衣，似乎还不大适应这高端吃食，觉得它顿失民间烟火气，这还是那"有钱我就吃"的老炸糕吗？这感觉类似网民对鱼香肉丝馅炸糕、煎饼馃子夹海参鲍

民间小吃炸糕如今也摆上了大席面

鱼等新派江湖小吃的调侃。

绝大多数人还是对传统老味道炸糕情有独钟，更不乏食客怀恋旧时的另一种烫面（面皮）炸糕，今下相对少了。

烫面炸糕不同于黄黏米面或江米面炸糕，它用的是上好的面粉，别具风味。1918年，陆记烫面炸糕铺开业于老城厢东北角鸟市，正名叫泉顺斋。陆记炸糕选用优质面粉、红小豆、绵白糖、精油为原料。豆馅要经过筛、洗、煮、焖、炒等环节精制而成；包馅的面皮又要经过烫、醒、揣、揉、团等工序，接下来炸制时也是不急不躁，讲究老红色。烫面炸糕成品小巧玲珑，外酥里嫩，不粘不艮，清香爽口。烫面比死面、米面更易消化，赢得了众多食客的好评，就是没牙的老太太尝了也会赞不绝口的。后来，陆记烫面炸糕还增添了红果馅、桂花白糖馅、什锦馅等多种口味，老幼皆宜。

昔日的素食素菜

按时下的养生理念，限油限盐清淡可口的素食素菜被视为时尚的健康饮食，大受欢迎，酒楼餐厅里的青菜菜品大多别致，正如老天津真素楼的对联所云——真是清的元素，素乃味之本真。

老天津物产丰富，食俗融汇南北，加之庙庵宫观如林，信士众多，这一切无疑为素食的发展提供了良好的空间，以至于素菜素食成为津地美食文化的重要组成部分。开业于清光绪三十二年（1906年）的真素楼（位于大胡同）鼎鼎大名，口碑尤佳，不再赘述。与真素楼同时代的还有位于鼓楼一带的藏素园素菜馆。到了民国初年，天津市内已拥有菜肴香、蔬香园、素香斋、六味斋等十多家像样的素食餐馆。

素菜所用的食材大多取自天然植物类食品或再制品，如面筋、豆腐、腐竹、豆皮、木耳、香菇、口蘑、黄瓜、莲子、胡萝卜、竹笋、白菜等，蔬菜、谷物、菌类等一应俱全。烹制素菜焓锅时不用葱和蒜，并精心挑选调味料，可谓食材丰富，素雅清净，又名罗汉斋。

大厨妙手，用发好的香菇、冬笋以及香菜等烹制出的炒鳝鱼丝；用山药烹制出的扣肉；用粉丝烹制的扒鱼翅；用豆腐烹制的扒鸡块，以及素仿的酱肉、扒肘子、海参、黄焖鸡、黄焖鸭条、红烧鱼、糖醋鱼等，色香味形质皆可乱真。乃至整桌的燕翅素席、鸭翅素席、海参素席等，无所不包，素雅清香，可谓别样的美食享受。烹饪美食离不开汤，素菜馆用黄豆芽调制的雪白浓汤绝不逊于鸡汤鸭汤。素汤讲究提，黄豆芽熬出的汤白净，厨师用去了核的苹果投入汤中，去除了素汤的豆味。

说素食不能不说素什锦。20世纪40年代，开设在福煦将军路（今滨江道一段）上的林记稻香村制售各种南味食品，很有名气。这里的素什绵，选料考究，不惜成本，主料采用面筋、黄花菜、果仁、黑木耳、南荠、冬笋、香菇等，调料用香油、味精、精盐、酱油、白糖等，再加上制作精细，烹调得法，吃起来口感非常好。南味的素鸡、素火腿等也拥有很多回头客。

清素的炒豆芽配大饼卷食，是天津家庭在立春前后的好饭

素卷圈是老天津传统素食，直到今天，街边卖的大饼夹卷圈仍是天津人常吃的早点之一。天津素卷圈的馅料要选用上好的绿豆芽，必不可少的香干要选用"孟"字（品牌）的，香干切成细丝，还要加上细粉丝、口蘑丁等。主料齐全再用由芝麻酱、腐乳、料酒、姜丝、细盐、花椒水、口蘑汁兑成的浓汁拌匀。制作时，裹馅必用从原汁豆浆专门挑出来的鲜豆皮。那炸卷圈的油总是干净透亮，炸出的卷圈外皮金黄，头层皮酥脆，二层皮筋道，咬一口香气扑鼻。值得一提的是，三岔口一带有一家名气不小的傅家卷圈，卷圈分荤素两种，荤馅也用鲜豆皮包馅，馅中可见肥瘦相间的肉丝、香干丝、宽粉条、冬笋丝、口蘑丁

和蔬菜等。卷圈是半月形的，有别于传统的枕头形。

另外，旧时的素馅馄饨现在少见了，它是用粉皮、香干、面筋、香菇、笋片、绿豆芽、香菜切碎做馅，包出来元宝形的馄饨，别有风味。

20世纪二三十年代是素食素菜最兴旺的时期，一方面作为供奉食品所需，另一方面素餐馆也成为文人墨客们孤芳自赏、清谈论道的场所。位于南市的蔬香园为天津"李善人"家开办的，饭店选用冬笋、面筋、山药、土豆及豆制品等做出的仿鸡仿鸭仿鱼仿肉等菜品别具风味。蔬香园的招牌吃食是鲜香的口蘑汤饼，与李家沾亲的民国总统曹锟等政客名流时常前来品尝。因素菜的局限性，天津的素菜馆没有得到长足发展，至40年代相继衰落，所剩寥寥。

炉粽子与面粽子

百姓的日子在一定程度上可谓应时到节品尝美食的好生活，五月端午吃粽子也同样如此。天津传统的红枣粽子、豆沙馅粽子就很知名。现存最早的天津地方志康熙《天津卫志》中记载："五月五日……戚里馈送角黍。饮菖蒲、雄黄酒……"这里的"角黍"便是粽子的古称，端午节期间邻里之间相互馈赠粽子更体现了一种和睦的良好风习。

老天津的粽子讲究选用白洋淀的芦叶，乐陵的小枣，上好的江米，用五彩线绳扎牢。除了红枣粽子、豆沙粽子，天津人也喜欢吃果脯粽子、什锦粽子、五谷粽子。老天津的民谣唱道："粽叶香，包五粮，剥个粽子裹上糖，幸福生活万年长。"

除了传统的江米粽子，老天津的炉粽子堪称一大特色，它小巧可爱，食之酥甜，老少皆宜。

端午之际的炉粽子

炉粽子实际上是面食，介乎烘焙糕点或烤烙小食的范畴，更接近白皮点心。在传统糕点五大制品（烤制、炸制、蒸制、熟粉制、其他成熟法）中，炉粽子属于烤制品中的酥皮包馅类（另有油酥、松酥、浆皮包馅、松酥包馅、烤蛋糕等）糕点。昔年，炉粽子一般在端午节前上市，很是应景赢人。酥面皮包馅，三边兜起轻轻捏合成三角形，馅料以豆沙、枣泥为主，似露不露。烘焙时，生面坯放在铛上用文火烤烙，稍后再用铁制的四壁有孔、上不封顶的圆罩子（类似拔火筒）扣在铛上，使点心均匀受热，待其四周干白、外皮见酥即成。点心外观很像粽子，颜色嫩白，酥层薄如蝉翼，师傅还要在点心面"人"字口上装饰少许食红色，犹如点睛之笔。

素来，酥皮包馅点心以京式大小八件儿最具代表性。更为高档的八件儿又俗称细八件儿，如状元饼、太师饼、杏仁酥、鸡油饼、白皮、蛋黄酥等，所以这端午佳品炉粽子也一直是细八件儿中的重要品种，成为走亲访友的馈赠佳品。笔者收存有系列老旧点心笺，花花绿绿的图案中当然少不了炉粽子的模样，比如在20世纪80年代天津王串场一带的振华香糕点食品厂的纸页上不仅画着"寿"字蛋糕、"囍"字饼、提浆月饼等，前排位置还特别画了一个漂亮的炉粽子。

因烤烙成熟技术与所用炉具相近，民间也常把炉粽子与炉干烧饼、缸炉烧饼、马蹄儿烧饼等小吃视为一类。

"端午龙舟竞渡欢，新奇制饼列金盘。饼形无异花纹异，大胆能将五毒餐。"顺便一说，老天津人在端午节还会吃点"五毒饼"等点心（饼面上盖红色"五毒"图案，又称五毒饽饽），寓意不被蛇、蝎、蜈蚣、蟾蜍、壁虎之类的害虫伤害，祈福健康平安。另外，五月节正值初夏，根据传统养生观，有些人还会尝尝能清热解毒的薄荷茯苓饼、绿豆糕等。近年来，天津一些糕点老字号不断推出老味新品炉粽子，增加了玫瑰馅、红果馅等花色，依旧受到食客欢迎。年深岁久的民俗生活让食品有了时间的特征，也有了值得品味的意趣。

除此之外，昔日天津更多百姓人家应时到节会自己包白面粽子。面粽啥模样？类似如今民间的面食小吃糖三角，老人俗称糖面座儿。不过，面粽既然为节令美食，那馅料当然比糖三角讲究，以红糖、白糖为主，再加青丝、玫瑰、糖桂花等小料。江米粽子讲究包成四角形，炉粽子、面粽子都是三角形的，因炉粽子烤烙熟，所以面口不必捏合严，面口还喷少许食红色添美观。面粽则不然，糖馅中要加适量干面粉增稠，一定要捏严面口，以免流汤。

为何自家包面粽？其一，老年间物流不像现在发达，江米、芦苇叶、竹叶等皆需外来，家里自包江米粽子的毕竟是少数，想吃，到茶食店（糕点店）去买。其二，票证时代江米、小枣、红豆（糨豆馅）等食材皆凭本凭票供应，且量有限，主食口粮都紧张，不可能大量闲包粽子。如此这般，面粽成为天津人因地制宜又应景的小吃。那时候，传统蒸食铺、馒头铺会做应节生意，端午节之际也蒸面粽满足食客。如今面粽已然消逝，食客也许只能在普通糖三角的滋味中怀旧吧。

话说点心渣儿

到糕点店去买点心渣儿吃，这话让时下的新新人类听起来绝对是匪夷所思的事。五花八门的甜点心都觉得腻，又有谁会去理会点心渣儿呢。殊不知20世纪60年代的时候，高档的"京八件儿"点心六七元钱1市斤，一般收入者难以问津。至少在70年代末80年代初的时候，点心渣儿依旧是生活拮据的人"香嘴"的一大美味。有钱人当然瞧不上点心渣儿，怕失身份。

点心渣儿是各样点心，尤其是酥皮点心掉下来的面皮或渣，各种滋味混杂在一起，其中总会有少许破碎一角或少半块的点心，特别让孩子们觉得占了很大便宜。昔日的点心店隔三岔五就会出售一批点心渣儿，虽然价格低廉，但也是凭票供应的。笔者小的时候，"瓜菜代"的生活尚有余温，加之家严远在新疆支边，家里的日子并不富裕。月初，跟着家慈到邮局取回家严寄来的四五十元工资，妈妈总会照例到对面的点心铺给我们姐弟三人买些小茶食、槽子糕或经济实惠的点心渣儿，这足以让我快乐好几天。家慈会很仔细地给我们每人分一份点心渣儿，在小碗里用开水沏开，稠稠的，那香气一下子弥散满屋，让我直流口水。我拿着匙慢慢品尝，那滋味至今挥之不去。当然，我也没少因为馋嘴干脆直接大口大口地吃点心渣儿，实在是一种"浪费"。

天津人有时也将点心渣儿作为喝茶时的茶食，一点点捏来，

故纸记录童年甜蜜回忆

慢条斯理的样子，或者就着热饼、热饽饽吃。家慈一生勤俭，她很会动脑筋，很多次用白面或玉米面包上点心渣儿蒸成团子给我们吃，这在当时足以称得上改善生活了。那是一种幸福，记得我曾对家慈说，等我长大赚好多钱，一定给家里买很多很多点心渣儿回来。

笔者曾见过一页1963年的"特殊"介绍信，是天津河东区某文化馆的便笺，上面写着："兹有我单位干部某某同志前来购买高级点心处理品18斤整。请给予照顾。"原来，这位在文化馆帮忙的干部很辛劳，由于副食紧缺，每月的定量粮食令他半饥半饱，但有限的收入又让他捉襟见肘，万般无奈之下只好请单位开了这封介绍信，以享受免收粮票并按6角钱1斤的价格买些点心渣儿弥补一下。其实，18斤数目颇有水分。因为点心渣儿紧俏，以外来介绍信为名目，大部分点心渣儿先被点心铺提留走关系了，这位干部最终只得到4斤左右点心渣儿，但他很知足了。

如今的生活有了更丰富的内容和体验，往昔许多质朴与简单的向往似乎已变得遥远模糊。一天，我无意中在一家食品店的角落发现了一个纸箱里装着不少点心渣儿，蓦地，一种熟悉的、温馨的感觉涌上心头。我按捺不住，在售货员诧异的眼神中买了半斤点心渣儿，却怎么也尝不出童年的滋味来。

冬日炸铁雀

寒冬来临之时，小麻雀的羽毛丰厚了，体质也越来越好，此刻，其肉脯最是肥嫩。麻雀若被捕入笼是难养熟的，它们常常不吃不喝，甚至撞死笼中，所以人们俗说它意志如铁，故得"铁雀"之名。老天津人在冬季爱吃铁雀，卤、炸、酱、熏、熘皆可，其中以炸铁雀、炸熘铁雀最受欢迎。

旧年民间烹铁雀有讲究。铁雀去毛去内脏处理好以后，要加料酒、盐、葱姜汁等稍微腌制一下，然后裹上生粉，在七成热的油中炸，稍微凉一凉后再复炸至酥脆。接下来要炝锅，烹好糖醋

老年间的食挑子
一头要带炉火

汁，趁热浇在铁雀上。那炸熘铁雀呢？需把雀头、雀脯肉分开，过油炸，然后配上冬笋、木耳等辅料，佐以盐、糖、料酒、酱油、醋、葱末、蒜末等一同颠勺炒，淀粉勾芡，再淋上花椒油，撒一点嫩韭菜碎才算够味。好食者下箸一尝，雀头酥脆，雀脯软嫩，鲜香入味，滋味无穷也。

　　铁雀佳肴颇有名气，甚至上过清末民初的满汉全席，民国初年的一份菜单显示，席中的十六小碗（菜）中就有烹铁雀。另外，炸熘铁雀、高丽银鱼、酸沙紫蟹、玛瑙野鸭等也是著名的天津冬令"细八大碗"中的核心菜。食俗旧事，回味一笑，如今提倡人与自然和谐共存，不食也罢。

冰糖梅苏丸

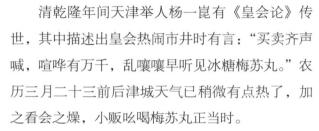

清乾隆年间天津举人杨一崑有《皇会论》传世，其中描述出皇会热闹市井时有言："买卖齐声喊，喧哗有万千，乱嚷嚷早听见冰糖梅苏丸。"农历三月二十三前后津城天气已稍微有点热了，加之看会之燥，小贩吆喝梅苏丸正当时。

梅苏丸为何物？以乌梅、薄荷为主要成分的传统中药小药丸，也称冰霜梅苏丸。青梅经加工熏制成乌梅，源起很早，《神农本草经》中就有乌梅的前身"梅实"的记载，《本草纲目》又说"梅实采半黄者，以烟熏之为乌梅"。它口感酸甜生凉，有生津止渴、清热解暑的功效。旧年夏日，老天津的一些药材庄行善事，往往亦卖亦送冰糖梅苏丸，穷小孩或攒或捡几十个杏核，可拿到药店换些梅苏丸吃。其实卖家也不亏，杏仁也是好药材。

清末年间街边的糖摊

作家冯骥才定读过《皇会论》，他在名著《神鞭》里写道，皇会上一群姑娘口中嚼着冰糖梅苏丸，挤在人群中看会。现今部颁标准梅苏丸处方中含乌梅肉、紫苏叶、薄荷叶、葛根、豆蔻、柿霜等，为非处方药。

摆龙盘卖果仁

　　天津"果仁张"始创于清道光十年（1830年），创始人张明纯在清宫御膳房西膳房做小吃，一些消闲小食品酥中有脆，脆中有香，香中有甜，甜而不腻，久存不绵软，不仅皇上爱吃，就连后来的挑剔的西太后也没话说。辛亥革命后，果仁张的第三代传人张惠山随着前辈走出了皇宫。据张惠山的儿媳陈敬女士讲述，张惠山先是在北京东四牌楼开了一家小店，果仁小吃风靡一时，后来为躲避军阀混战，张家来到天津，在黄家花园开了一间门市。

　　为了让天津食客尽快认识果仁张，张惠山拿出当年在宫中盛蜜贡点心的有大龙图案的食盘，将小吃放在盘里，很快就吸引了顾客。当年，天津聚居着不少达官显贵、寓公名流，张惠山还根据他们的需求送货上门。

　　1931年"九一八事变"后直系军阀孙传芳寓居天津并成为居士。传说，孙传芳有一天品尝到了果仁张的炸果仁，深觉美味，心中暗想天津还会有这么香的小吃，便打听这吃食来自何处。陈敬在《天津文史资料选辑》中回忆，当孙家厨师准备再去买的时候，不想却被孙传芳叫住了，意思是让该厨师自己炸自己做。厨师熟知果仁张的大名气，也自知没有那手艺，可只能遵命硬着头皮去干。果不出所料，待孙传芳一尝，真是天壤之别啊。孙传芳质问厨师，可厨师没有实话实说，而是误传了果仁张的用油。这

曾经1角钱一包的
盐炒五香大果仁

可惹恼了日常吃斋饭的孙传芳，他一怒之下派人将张惠山带到了孙府。面对不明不白的指责，张惠山镇定自若地说，果仁张是祖辈传的老字号，绝不会动荤，若不信可以当场炸制。很快，一盘果仁炸好，孙传芳再尝，一切明了，他掏出枪来对着那个厨师大吼，说害得他不仁不义，险些酿成大错。

20世纪50年代，张惠山炸制的净香花生仁、玻璃核桃仁、虎皮花生仁等在天津市饮食商业优质品种展览会上被评为优良食品，参加过博茨瓦纳国际博览会，还曾端上过国宴餐桌请外宾品尝。

后来，果仁张第四代传人张翼峰继承和发扬了祖上生意，生产出更多口味的果仁小吃。张家果仁制作技艺和配料十分严格，要求果仁粒粒饱满合规格，根据季节变化来调整油质、油温，针对果仁制品的不同色泽、味道调制配料，自然性显色和放香，工艺手法有推、翻、摁、拨、托、提、压、转、挤、拢、点、撩等，成品以花生仁、腰果仁、核桃仁、瓜子仁、杏仁、松子仁及多种豆类为主料，有虎皮、琥珀、净香、奶香、五香、桔香、柠檬、薄荷、番茄、山楂、海菜、咖啡、可可、姜汁等品类，以及香、甜、酥、脆、酸、凉、麻辣等口味。

甜秆·快枣·闻香果

昔日每到立秋后常有农人驮着一些湛青碧绿的细秆"甘蔗"进城卖，吆喝"甜秆儿——大甜秆儿——"。它实为糖高粱（甜高粱）的秆，与甘蔗无关。这时节，农民往往会砍下长穗不好的高粱秆小卖，一二分钱一棵，换点儿零钱。

鲜甜秆儿有汁水，淡甜，穷孩子连啃带嚼当美味。中元节、秋游接踵而至，有些人要去郊外，或祭扫（俗称下洼），或赏景，归途见到道边的甜秆儿也会捎几棵回家哄孩子玩。小孩子们常常是先因为对高粱秆的认知，而随后喜欢上了高粱饴软糖，误以为它含很多高粱成分呢。高粱饴又弹又韧又柔软，在四五十年前属金贵糖果。后来才知道，甜秆儿有消热、生津、润燥等功效，也算一宝。

再说秋日的甜枣。桃、李、梅、杏、枣，素来享"五果"美名，旧津蓟县、静海、大港盛产枣，距市区最近的当数西郊，以张家窝及周边一带的品质最佳，那里种枣历史可追溯至清雍正年间。

在胡同口吃小吃的孩子们

　　立秋，枣将熟，当地老少便打枣忙起来。此时的枣还是半青半白半红的状态，于是有人在田间地头支大锅烧开水，把枣稍微烫一下便迅速通红了，俗称"快枣"，其实这不过是贫苦农人为了快上市快赚点儿钱罢了，无碍营养。近中秋，枣真正自然熟红了，叫"二秋"，多汁酥脆甜。可惜天有不测风云，1939年的天津大水灾让西郊枣业遭重创。时光荏苒，如今"快枣"俗名有变，已多指早熟的形如圆球儿的上等货了。

　　老年间立秋后，天津街面上还不时传来"香果哎，闻香果啊"的吆喝声。香果也称槟子，是苹果与沙果的杂交品，有酸甜两种，北京延庆、河北怀来多产，老舍在小说里也几次提到它，现在少见。香果香气极浓，所以有不少讲究的天津妇人买回家摆上一盘或吊挂在屋顶，满室飘香，经久不散。

童年那些小零食

昔日天津各处的庙会、集市人涌如潮，闹市间卖传统小吃的摊子前总是围满了游客，中老年人要怀旧，孩提少年要尝鲜，大家无不吃得津津有味，口水连连，那些小零食值得一记。

响熟粝糕

一听到"呜——呜——"的小汽笛声，孩子们都知道是卖熟粝糕的来了。不知这寸余碗形的大米面小食是不是津沽之特产，也很难找出一个更为恰当的"li"字来。笔者以为此"粝"字更为妥帖，毕竟这种小吃与加入梨汁的梨膏糖以及天津常吃的糖制"大梨糕"是不同的食品。

卖熟粝糕的小贩一般推辆小车，车上带着煤炉，炉上坐着特制的汽锅桶。紧密的盖顶上有汽嘴一二，此汽嘴又是个响笛，锅中沸水的热气吹响汽笛，同时以热气蒸熟粝糕（也有人以笛音"哩"为由，称"熟哩糕"）。小蒸屉是特别加工的木型，壁厚，圆桶状，中间收腰的样子。中空放上小圆竹箅或铝箅。卖者将八成熟半干的米面盛在里面，用刮板刮平，撒些果料或糖料，橘子、香蕉、蜜桃、酸枣粉、白砂糖等，不一而足，各是各味，各是各色。接着，把米糕小屉坐于汽笛之上，直冲的热气一会儿就蒸熟了米糕。

米糕已熟，卖者用小木棒自木屉下口伸入向上一顶，箅子托着米糕便出锅了，卖者常将二三个小木屉一屉压一屉同时坐于锅上，以加快蒸制的速度。

大梨膏糖

"大梨糕，吃了不摔跤——" 这典型的梨膏糖吆喝词不知是哪位发明的，孩子们跌不跌跤似乎与吃糖并无多大关联，吉庆话保平安，人人爱听罢了。现在买块儿糖动不动几角几元，却难给人深刻印象，大梨膏糖至今仍让许多人记忆、回味。

做大梨膏糖用铜勺熬糖，到似焦非焦出香味的火候时加入干酵母粉，糖汁迅速发胀起来，制糖人起锅倒在石板上，形如大发

昔日的小糖纸上
也有时代记忆

面糖糕。待糖凉脆后上街小卖。卖者有推小车的，车上放着两三块整块的大梨糕，手拿把小锯条，小孩儿买多少钱的拉多少。也有提前拉好均匀的角块卖的。另有聪明的商贩为了吸引小孩子，在车把下还挂个小松鼠转笼，小动物不停地在里边跑，笼子不停地转，非常有趣。当然，这权且当个活广告罢了。

有趣的是，遇上大梨糕做得不咋样又蒙小孩钱的人，给得少且不对味，有调皮的孩子不免起哄，高喊几嗓"大梨糕，吃了就摔跤"，然后就一溜烟地跑远了。

拔　糖

糖稀，古人也叫它"饧"，其历史源远流长。三四十年前，卖拔糖小贩的糖锅中实际上就是用麦芽糖熬成的糖稀。

昔日，小学校门口或孩子扎堆儿的地方，常见有卖拔糖的上年纪小贩。单纯卖拔糖的摊子实在是再小不过了，几块砖头或有个破折叠凳什么的就足矣了。天冷时还得加个小炉给糖加温。也有人为方便流动售卖，干脆在颈间挎个褡裢布兜，兜中套装着小糖锅。

孩子们爱买拔糖多是喜欢那拔劲儿的妙趣，只有拔才好玩好吃。卖者收一二分钱，用两根小竹签或苇管从糖锅里挑蘸些稠糖递给小主顾。孩子们用两根小棍缠着糖绕来绕去，越缠越稠，并能拉出长长的糖丝来。当然，也有的小贩在石板上摊小片拔糖，圆圆的，按"贴"卖的。同时，顺便卖些棒棒糖、酸枣糕（粉）等小食品，一是为多赚点，二是给小孩子换换口味。

干面乌菱

菱角是一种水生草本植物，天津人俗称四角的叫菱角，双钩似羊角的为乌菱。乌菱煮熟后干面清香，是人们茶余饭后的零食。待秋凉，乌菱成熟后便不乏小贩串胡同卖熟乌菱，换俩零用钱。卖者挑挑儿或挎个大食盒子，东跑西颠，叫卖不停："哎——老乌菱。"

老乌菱的外壳比较坚实，小孩子们也不太容易嗑开，但乌菱那一对向下弯的尖角却吸引着童心。干什么？互相咬钩玩。听见老乌菱的叫卖声，孩子们找家里讨一二分钱买几个，名为爱吃，实则为玩。小孩子们围住卖乌菱的，专挑角长钩弯的买，挑挑拣拣过后一哄而散，找地方彼此咬钩比赛去了。

崩豆酥脆

把蚕豆用水泡过再炒熟，香酥好嚼，这就是天津人说的"崩豆儿"。那泡蚕豆的水可有讲究，多加以大料、小茴香、桂皮、冰糖、食盐等调味品，甚至有加些保健中药材的。

大人、孩子闲时常买点崩豆吃，磨牙消遣，他们是串胡同卖崩豆的主要顾客。卖者携一分格式玻璃盒子，各味崩豆分置格内，三分五分的每样数几个。据说，当年也有些近郊的农民牵着小毛驴，驴背上驮个两侧缝有二三十格小口袋的褡裢，装满崩豆等干货进城售卖。卖崩豆的小贩吆喝起来挺有韵味，如："卖崩豆儿的又来了——这是甜崩豆儿呀，那是咸崩豆儿啊——不甜不咸不要钱，去要钱去买崩豆儿。甜的是甜，咸的是咸，不甜不咸不要钱，去要钱去买崩豆儿。"那"豆儿"字声重的同时又是个脆声。

为突出崩豆的口味丰富，另有"七十二样咸崩豆"的叫卖声，吆喝中将七十二样几个字声拉得很长，抑扬顿挫，煞是好听。另外，逢秋冬之季挎篮子串胡同卖青萝卜的小贩也捎带些崩豆儿，胡同里也传来"崩豆儿——萝卜"的叫卖声。

模子糕粉

老天津的孩子们常吃一种名叫"豌豆糕"的小食品，花钱不多，香甜可口。豌豆糕大多由小贩自制，把白豌豆煮熟，去皮，捣成半干的豆泥备用。他们携一大食盒，里面装着豆泥、白糖、模子等，敲打着小铜锣串胡同售卖。卖豌豆糕所用的木模子有花鸟、金鱼等各种图案，径寸大小。卖时先在模子里撒些白糖，再填入豆泥，压实后扣出即卖。

早年间的春夏两季还有卖"玻璃粉儿"的。玻璃粉儿类似时下孩子们吃的果冻，据说是用当时一种特制的"凉粉"加水加糖熬制而成。出锅后倒入图案各异的模子中，待凝固后扣出售卖。粉料加得少时，玻璃粉儿较软，滑滑的，柔颤颤的，像水晶玻璃一样剔透。有的人还在熬粉时加入少许食色，配以不同的模具，所制别具特色。在令人口干舌燥的夏日里，吃上一小碗玻璃粉儿，爽口爽心，惬意无比。

果干汤

在天津传统的夏令饮品中，酸梅汤、红果酪之外，一种名为"果干汤"的冷饮同样为人津津乐道，铺面、摊子及串胡同的皆见售卖。所谓果干汤，常用杏干、桃干、柿饼等慢熬制成稠汤，果汁交融，待凉后冰镇或在汤汁内加碎冰块，有时还要撒些鲜藕片、荸荠片等，按碗卖，十分便宜。

另外，果干汤作为街头的畅销冷饮，还派生出不少其他品种，杏干水、杏干汤即是其中之二。杏干水是用上好的杏干加凉开水泡制而成，生津爽口。杏干汤则相对费些工夫。慢火熬的过程中，杏干逐渐发开，较之杏干水更有杏味。小贩售卖时，连同煮过的软软的杏干一起给孩子们盛到小碗里，再加些白糖，酸甜凉爽，它又兼具了小吃的风味。

酸梅汤

酸梅汤用乌梅、桂花、白糖等加水煮制而成，民间又有"乌梅汤"之谓。酸梅汤的历史源远流长，早在明时《帝京景物略》及《金瓶梅词话》中就不乏记载。后来，清宫御膳更加细致改进，并享"清宫异宝"之美誉。

酸梅汤是夏季消暑的一大佳饮，街面上不乏专事的摊贩。业者煮好酸梅汤后，滤去渣质，待凉倒入干净的大青花瓷坛内，为保持酸梅汤的冰凉口味，再把瓷坛放进盛满碎冰的木桶内盖好盖，冰镇效果很好。卖者在街头巷尾支起大布伞遮阴，好一点的还设有蓝布铺围的桌子，供饮者小憩乘凉。有的卖酸梅汤的在木桶边插一月牙形的幌牌，以示酸梅汤是天亮前刚刚煮好的，绝对新鲜可口。卖者不时敲响手中的"冰盏"，打着"花点儿"招徕生意。

清爽怡人的酸梅汤在这两年已成为一种畅销的瓶装饮料，外包装还特别注明依传统方法制造，不知那味道较之从前如何。

冰棍败火

夏日里，人们对"冰棍败火"的叫卖声最熟悉不过了，有的小贩干脆就直呼"败火"。这声音对小孩子是最有吸引力的，又甜又凉的冰棍没有几个孩子不爱吃。

旧时，虽然大多数人家的生活水平很低，但冰棍可谓是一种大众消费。3分、5分的，水果、小豆、奶油的，物美价廉。孩子们吃水果和小豆冰棍的居多，一是爽口，二是想着省钱好多吃几根。一些孩子嘴馋，每逢听见"冰棍败火"的吆喝声就磨着大人买，一天三根五根地吃，因此，有的卖冰棍者见到这样的孩子便半打趣半提醒地说："冰棍败火，闹肚子可别找我。"

卖冰棍绝对是小本生意，他们提着两个保温瓶或推辆小木箱车，走街串巷售卖。那保温瓶是特制的，与家用开水保温瓶类似，但它是敞口的，直径约有十几厘米，上下一样粗细。木箱内壁有棉被，木箱上部开扇小方盖门，以利保温隔热。卖冰棍者要做到心中有数，不能趸得太多，因为那时没有冰箱冰柜用来存货。逢阴天下雨，生意可就惨了，即使减价处理卖到天黑也卖不完，只好眼巴巴地看着化掉。

天津豆儿与麦丽素

早已消失的一种老天津特色儿童小食，20世纪60年代至80年代到处有售，价极廉，曾让无数孩子快乐无边，它就是天津豆儿，今天的中老年读者应该记忆犹新。

民间传说，这种豆儿是天津人首创的，故以"天津"冠名，延续下来。天津豆儿实为空心豆儿，在面粉、糯米粉中加少量糖、盐等做成皮壳，烤制而成，色泽金黄。天津豆儿入口一咬很脆，齿间"啪"的一声，可谓小孩们最过瘾之趣。慢慢细嚼皮壳，面香、米香、焦香与淡甜滋味复合交融，齿颊生津。后来，津城又有了空心中带熟黄豆粒的一种，摇晃小豆儿，似乎还能听到黄豆粒儿在壳里轻声作响。

说起天津豆儿的来龙去脉，知者难寻，资料乏载。近日笔者专门问询了本地最知名的一位硬果小食企业家，她说老味儿天津豆儿的脆主要来自糯米粉的口感。食品加工业发展后，硬果多为机械化生产，无心豆儿在机器中不便滚动，难以出产量，这是天津豆儿消失且难再现的重要原因。

时下有卖"怀旧小食品"的，有商家也售所谓的天津豆儿，但此豆儿非彼豆儿，现在市场上常见的多是包有果仁的日本豆儿、鱼皮花生之类。它源于日本，最初制作时在面皮料里掺少许鱼皮胶，皮包果仁，所以叫鱼皮花生。后来闽粤商人仿制，虽不再加鱼皮胶，但名字已约定俗成。

　　天津豆儿成为"绝响"后，津地又问世一种"洋气"糖豆——麦丽素，它外皮是巧克力衣，内里的微孔膨化物含麦乳精等。其实，"麦丽素"是Mylikes的中文谐音，早在20世纪30年代中期就出现在美国。麦丽素口感较甜，因为80年代的孩童味蕾尚未享受过太多刺激，加之纯正巧克力尚属金贵，所以麦丽素浓郁的香甜牢牢勾住了小孩子们的舌尖，陡增幸福感。当时，国内仅有天津一家出品麦丽素，它一度近乎成为"津门名片"，也是较早活跃在电视荧屏上的"广告明星"。

　　麦丽素涌现各地后，口感良莠不齐，吃来吃去，大家还是公认津味最正宗。悄然间，"80后"已不再年轻，当他们再见麦丽素、华华丹、跳跳糖、潮汕无花果时，依旧会尖叫、馋涎的。

老天津的栗羊羹也让人记忆深刻

在津吃美国葡萄干

早在20世纪二三十年代，天津人就已经吃到美国的"阳光少女"品牌葡萄干。当时广告画上的信息显示，此美味诞生于1915年，英文名为"SUN-MAID"，出自美国加州弗雷斯诺，那里肥沃的山谷盛产葡萄。

阳光少女牌葡萄干大多选用汤姆逊无核葡萄晾晒，它皮薄肉多香甜可口，每年8月末采摘后在阳光下晾晒二到三周，过程中要反复翻转，确保葡萄串得到相同的光照，如此，大致每4斤鲜葡萄制成1斤葡萄干，品质自然出众。

约于20年代初美国葡萄干公司在上海设立了东亚销售总部，不久便开始销往天津。30年代，由天津兴隆洋行（德国商人吉勃里1898年创办，1920年前后由买办高少洲经营）代理经销，业务遍及直隶全省。该公司曾在天津《大公报》连续发布广告，称："葡萄干香甜清洁，为粮食中最有益者，味略酸助消化，常食之能养血。"与此同时，广告中还引导天津消费者，比如用葡萄干还可以做八宝饭、蛋糕等，意在进一步拉动市场。

美国产葡萄干的老广告画

第九辑

民生俗事

礼尚往来走人家

现代城市人大多住高楼单元房、公寓房，注重私密，邻里几年却不知对方姓甚名谁属正常，除非近亲逢年过节、喜寿大事到谁家去聚会，街坊间互串门子的少见了。老天津生活不这样，串亲戚、串门子的多，谓之"走人家"。

天津人有礼有节好脸面，走人家忌讳"空手儿"，要带些礼品。俗话说"送礼蒲包点心匣儿，亲是咱两家"，常规礼品讲究应时到节，如点心、元宵、粽子、月饼等。上述之外，有时还要同时带水果，以苹果、桃子为主，寓意四季平安、健康长寿。忌讳送鸭梨，俗信"离"不吉利。点心装在好看的木匣子里（纸盒纸包是后来事），水果、鲜肉、面条等用蒲草片包裹。更讲究的人用

走亲访友送盒点心最讨喜

第九辑 民生俗事

捧盒装苹果、桃子。捧盒为何物？

捧盒是一种老式盛具，无提梁扣环等，主要是手捧，流行于清代、民国时期。捧盒有木制的、竹编的、瓷的、金属的，木捧盒更不厌其精，红木、花梨材质，大漆雕漆、螺钿镶嵌等工艺颇美，圆的、方的、六角的、桃形的造型各异。捧盒一般宽三四十厘米左右、高二十厘米上下，或大或小。木捧盒内常设有间格，每格可装不同食物。有的捧盒成组成套，有底座，平时可摆放观赏。如今藏市有见遗存"古董"，不难管窥旧津人细致生活。

逢喜寿大事走人家，天津人送上述礼品的同时，还会送帐子，即粉色、红色的绸缎，或礼金，或银盾（一种礼品）。红帐子也装在好看的包装盒里，笔者见过一个20世纪40年代谦祥益辰记的礼盒是橘黄色的，中间为月季花图，上写"礼品"及"馈赠佳礼"字样，且有英文相随，风格中西合璧显时尚。津人为新婚男女送喜帐、暖瓶、搪瓷盆的风俗延续到80年代末。

尤其是老人家的生日，晚辈一定要记得。旧年上班的妇女少，届时要带孩子、捎礼品去拜寿。若是自己娘家，还可趁机小住几天，俗称"住家儿"。女婿若白天忙，如无特殊原因，晚饭前一定要赶到岳父岳母家，以免引亲友非议。赶上父母66岁寿辰，出嫁的闺女要给老人买6斤6两鲜肉，象征性地在寿星腋下比画比画，俗称"添块肉"。走人家看望产妇，要买鸡蛋、红糖、芝麻、稻米、小米、挂面等，鸡蛋个数以尾数"九"最佳，有祝福生命长久之意。

热情好客讲究多

源于天津建城之始本为屯兵重镇，民情行侠仗义素有传习，也自然形成热情好客的民风。比如，家里来了客人要出门迎接，俗语"远接高迎"正是此意。客人落座，主家递上香烟、茶水，关系近的也可让亲人洗把脸去去风尘。莫等茶喝净，要勤给客人续茶，斟七八分满即可。续茶后壶嘴切忌对着人，否则失敬。

客人若是突然到访，即便家里没啥准备也会尽量留客吃饭，临时操持拌盘白菜心、炒份萝卜丝、飞碗蛋花汤等，大致得凑足四菜一汤。若提前知晓有准备，那待客饭一定是丰盛的，免怠慢之嫌。开饭，先上直沽高粱酒、下酒菜，主人一般先动筷子夹菜、端杯邀客人一起时，客人方可随之。主人敬酒一杯三杯不等，斟酒时需斟满，民间曰"茶半酒满"。后来，酒桌上还有"不自满"一说，即别自己给自己倒满酒。天津有劝酒习俗，彰显热情，但一般不划拳行酒令。

酒过三巡菜过五味，当客人表示再无酒量时，主人常客气一声："您喝好了？那咱上饭？"老天津请客摆席面，酒菜、饭菜是分开上的，有先有后。端上第一碗饭给客人，吃饭时也尽量请客人吃饱。客人若吃好了，要朝同桌人说"老几位慢用，我偏（向自己）过了"，同时向主家表示谢意。待最后一位客人撂筷子时主人才能离席，起身前还要说"没嘛可口饭菜，几位多担待，也不

姐妹来家，
以茶相待

知道吃好没吃好"之类的客套话。若如前文所说勉强凑的饭菜，主家表示歉意说"好歹就乎一口，委屈您了"。客人这时候需再次道谢。

饭后，还要请客人擦手、喝茶、吸烟。过去，家里来客人吃饭，一般都是长辈或同辈陪，孩子们很少上桌，以免影响大人谈话聊事。餐毕撤下饭菜，孩子到另一桌吃。

送客时，如果客人带礼品来了，主人会让客人捎一点什么回家，俗称"别空手""别空着篮子"。主人若辈分高，送客只需起身说"以后常来"或"给家里人带好儿"即可，由平辈、晚辈送出门，送得越远越显难舍难别，分手时还要说"您得空儿常来"或"您慢走"。客人请主人留步，一并邀请主人择机去串门儿，说"家里人也想您了""老姑奶奶总念叨您"等，也是礼尚往来的接续。

给您添个菜

老天津人爱美食，"尽有闲人聚酒楼"一说早就出现在清道光年间诗坛翘楚梅成栋的《津门百咏》中。人们下饭馆难免遇见熟人，挺讲礼节。比如赵二爷和几个朋友正推杯换盏，这时李五爷带着弟兄也来吃饭，巧与二爷碰个照面儿，彼此拱手"爷，爷，爷"客气一番。五爷坐定点菜，同时轻声吩咐堂倌顺便看看二爷那席大致要了什么菜，然后专点一道二爷桌上没有的菜，钱算在自己账上，告诉堂倌炒得了给那桌端去，连跟人家说一声"李五爷给几位添个菜"。添菜习俗在旧津较为普遍，是友人之间的一种尊敬、交情与面子。

天津人讲面儿、好面儿。赵二爷见李五爷给添的菜上桌，当然开心，同桌人觉得二爷面子够大够足，紧着恭维。二爷岂能落场，也顺势给五爷那添个菜。稍后估计菜已到位，二爷斟满酒，自己或带着几个相好一起去给五爷敬酒，以示回礼、致谢。如此这般，两厢一碰杯就算都认识了，新朋旧友其乐融融，皆大欢喜。添菜，讲究彼此量力而行，心意到即可，常以一两道中档菜为宜，无须攀比。假如后到饭馆者仅一人，遇熟人打招呼，前者也会热情邀约"您就坐这一起吃吧"，后者也晓得此为客气话，赶紧谢过不多打扰，这种情况双方就不见得要添菜了，毕竟后者人单，饭量、消费有限，以免浪费。

摆盘像花一样的新派京酱肉丝

　　堂倌机灵，对津人习俗了如指掌，营业中也注意观察，若发现相互认识的食客不在一桌，往往会动动小心思来回通报一下，如此便促成了添菜，无形中增加了饭馆收益。

　　在天津，添菜习俗不局限于下饭馆，亲戚朋友拜访走动也有类似礼节。二姨欲到大姨家串门，大姨说必须在家吃饭、聊天，并嘱咐二姨千万别破费买东西，家里啥都不缺。即便是亲姊妹，可二姨还是好礼儿讲面儿，赶紧打发二姨夫买来螃蟹与烧鸡，如此才叫"不空手儿"。进了大姨门，大姨忙问为啥又花钱，二姨夫连忙说："给您添个菜。"亲情、友情重在相互，礼尚往来，不是狭义上的"穷讲究"，彼此喜乐，日子会更和谐。

救命饭与盖仓饭

　　老天津春节前夕有句俗语："送信儿的腊八，要命的糖瓜，救命的饺子。"这里的"救命"并非吃上饺子可保命，而是说暂时躲过了债务。旧年落魄的人多，免不了找人先借点儿钱缓一步。

　　欠债需还钱。旧俗，无论是民间借钱，还是富家平日在商铺赊账"挂单"，端午、中秋、春节之际是债权人例行催债的日子，特别到了年关腊月二十三左右，债主如"索命"一般寻人、上门逼得更紧，这时候也是拉饥荒人最难熬的日子，甚至东躲西藏、寝食难安。挨到除夕家家吃饺子的时候，债权人见钱仍无法要来，只好再宽限些时日等来年再说了，毕竟，富也好，穷也罢，总不能不让人过年吧。

　　关于老天津人在正月二十四晚间打囤、正月二十五过填仓节的习俗常见记载，其实这多流传于城市人群中。天津广大农户人家守着粮囤谷仓，故类似习俗有所变化。过节这一天，津地很多农人同样热热闹闹，且特别讲究包一顿在平日舍不得吃的肉馅饺子，俗称填仓；或做一顿合子，俗谓盖仓。

重阳也是美食节

老天津人过重阳节爱登高，风俗久矣。清人周楚良在《津门竹枝词》中说："玉皇阁耸好登高，小食家家枣作糕。早饭偕来万庆馆，快呼菊酒醉酕醄。"登高之余，人们饮菊花酒、吃花糕不亦乐乎。

吃糕，意在与"高"谐音，象征九九登高长生不老。花糕实为麦面糕，上有枣、栗子、蜜饯果子之类，口味淡甜。不仅如此，一进农历九月，街面上凡是带"糕"字的吃食也一哄而上，除了平时常见的切糕、蜂糕之外，但凡丝糕、糖糕、京糕、喇嘛糕等纷纷叫卖于街头巷尾。切糕在这时候也多了花样，有江米的、江米面的、黄米的、黄米面的，馅料有小枣、豆馅，夹馅且出花样，有的铺在米糕层中，有的卷在黏面皮中。天津的父母还会叫出嫁的女儿回来吃糕。此番出行对旧年"大门不出，二门不迈"的女人们来说殊为难得，她们可借回娘家吃糕之机，顺便登登高、逛逛商场，所以重阳又似女儿节。

昔时，天津民间有重阳祭北斗（星辰）的庙会活动，平日讲究食素的人在这一天更要吃斋饭，称"北斗斋"。1931年版《天津志略》中说，百姓们多吃羊肉火锅，美其名曰"贴秋膘"。缘何？因"羊"与"阳"暗合重阳，图吉利，再说此季羊肉肥美，可滋补身体以迎即将到来的寒冬。有的人家或吃一顿白面羊肉馅饺子，

干炸刀鱼是天津人在重阳节前后的美食

或蒸一锅白面馒头，意思是"百"字去掉上面的"一"便是"白"字，寓一百减一，恰与"九九"相映成吉趣。

重阳节前后津地特产秋刀鱼可口。天津刀鱼分河刀鱼、海刀鱼两种，海河上游支流中的河刀鱼每逢秋汛时节顺流至海河河口处产卵，所以又称为秋刀鱼。秋刀鱼的鱼籽、鱼白多，肉鲜美，清烹、干炸、家熬都不错。清烹刀鱼实为蘸作料（清烹汁主料：酱油、醋、白糖、料酒、香油，加葱姜蒜末）吃的炸刀鱼，讲究现炸现吃，外酥里嫩，尤其用现烙的白面家常饼卷着吃，末了再喝一碗稻米绿豆稀饭，堪称"卫嘴子"过重阳的经典饭食。

财神寿诞吃些啥

　　农历九月十七好似"小除夕"，这是民国时期天津民间的一句俗语。怎讲？传说此日乃财神李诡祖（也称增福财神，文财神之一）的寿诞，天津人为财神爷庆生拜祈，各处张灯结彩，鞭炮齐鸣，热闹！

　　素来，中国神话中的财神众多，如比干、范蠡、赵公明、关羽等，前二人被奉为文财神，后二者被尊为武财神，且还有五路财神之说，莫衷一是，其实老百姓不过为求财祈福过好日子罢了。

天津杨柳青年画中接财神的情景

旧津习俗主要表现在大年初二接财神、进财水，及九月十七的祝寿活动。不过也不尽然，如张次溪于1936年版《天津游览志》中叙："旧式商家在正月初二日、九月十七日两日外，每年岁杪几天，亦必择日祭神，这当然也是充分'谄媚'财神……"

津人敬财神由来已久，清代的张焘在光绪十年（1884年）的《津门杂记》里说："十七日，祀财神，最盛。"天津是商埠大码头，众商家敬财神尤其火热，生意人会专门摆供祭祀，供品不仅有干鲜果、香茶、美酒、元宝，还特别要摆上羊肉、公鸡、活鲤鱼等。天津秀才周宝善的《津门竹枝词》约写于咸丰年间，其记"财神寿诞属星辰，鸡鲤猪羊荐各珍。九月刚逢十七日，一天爆竹彻城阌。"这里的"阌"读yīn，是城、城门之意。平常人家也要依俗例庆贺一番，比如吃一顿有羊肉菜肴的捞面，此风涉及神话中李诡祖的食俗，再加上津人爱吃喜面寿面，可谓"天人合一"了。有些拮据的普通人家摆供买不起整鸡、鲜肉，变通则用鸡蛋、香干（豆腐干）代替，同样表达了心愿。

敬财神供品中有活鱼，仪式后人们还会放生。民国初年赵光宸在《津门岁时记》里表述："为财神生日，祀活鲤及羊肉与面。祀毕，送活鲤入河内，俗曰放生。"作者赵光宸是周恩来的同学，老照片可见1922年他们在德国柏林万赛湖游船上的合影。上述记载曾发表于1919年6月的南开学校刊物《南开思潮》第四期中。放生前，人们还要为鲤鱼拴上红绳，俗信经过祭奉后的鲤鱼可跳过龙门化作龙神，借此祝福家宅兴旺，祝福家中学子仕途发达。

另外，九月十七这天商家但凡听到鞭炮声都赶紧抓起柜台上的硬木算盘，趁机大摇一番，哗啦哗啦越响越好，意味着财源滚滚来。众家连番，声势浩大。与此同时，左邻右舍各商家还相互礼拜贺喜说吉祥话，互祝生意兴隆发大财。

吃醋·要饭·够不够

吃醋，方言，妒忌的意思，尤其指男男女女"三角"间倾慕、赞许、献殷勤的误会，搞不好会闹矛盾。天津盛产独流老醋，津人吃饺子、包子、面条、小凉菜离不开醋，但在宴席上，比较忌讳问"吃醋吗？"比如赵二哥请客，饺子端上桌，二哥紧着给旁边的钱哥、钱嫂夹几个，同时又问钱哥"吃醋不吃醋？"如此这般虽是热情好心不经意，可不仅钱家两口子尴尬，二哥媳妇心里也醋劲大发啊，也许早就一个"酸白眼儿"飞到二哥脸上了。

老天津人俗称讨饭乞丐叫"要饭的"或"穷花子"。"叫花子"也是一些地区的方言，还有名吃叫花鸡。天津人在饭桌上忌讳说"要饭"俩字。比如三姑见六舅母碗里的米饭吃没了，怕慢待客人，欲给人家再盛，这时不能问"您要饭吗？"应该说"给您再添点儿？咱千万别客气"。

津俗形容一个人没道德损人利己不文明找骂，叫"不够揍儿"或"不够儿"。天津人待客实诚，担心客人吃不饱，盛饭时尽量盛满竖尖儿才好。王婶或因节俭，或因"抠抠搜搜"不大方，给客人刘娘盛饭刚半碗时便问人家"您看够吗？"这让刘娘咋回答？情何以堪？答"不够"，一则好像自己骂自己，二来像自己没吃过没见过。答"够了"，也不妙，因为老天津俗说"够了"或"够够的"有到头了、非常腻歪闹心的意思，如"活够了"，"这事真难处理，烦得人够儿够儿的"。饭桌上，主人尽量多盛，客人免浪费酌情叫停说"好了"即可。

旧津食俗生活中还有一些趣闻。过大年万事图吉利，包大年初一的饺子一定要捏严实，避免破了。煮时也不能煮破，万一破了也不能说"破""烂"等，要说饺子"挣"了，挣开的意思，也有"挣钱"的意思。另外，天津有些人家不说"夹菜"，而习惯说"撴"或"撴一筷子"，源自河北方言。再说滨海渔家，在船上忌说"翻"字，做饭烙饼时不说翻过来，而说划过来。吃鱼时也说划过来，且讲究吃全鱼，不能剩下鱼头。渔人提倡只夹菜盘中自己眼前的那部分饭菜，筷子伸出去夹远端的被视为"过河"，俗信预示晦气。筷子忌横在碗上，锅碗瓢盆不扣着放，俗说扣放暗喻船搁浅。

民俗心理有趣，
有些心绪就像打翻了醋坛子

"妈妈例儿"祈福美好

"妈妈例儿"也叫"妈妈论儿"，这里的"妈妈"泛指长辈，缘此有了"老例儿"一说。约定俗成的惯例也好，是非禁忌的规矩也罢，它不过是百姓生活中质朴的民俗现象（或合理或俗信）。其实，传统习俗大多反映了人们对吉祥安康的期盼，是生活的一种本原。开门七件事，柴米油盐酱醋茶，这里面有意思的"例儿"就不少。

谈婚论嫁一切求吉利，所以这过程中定有不少妈妈例儿。比如见孩子吃饭拿筷子时手指离着筷子尖近，也许预示着他（她）来日相的对象是离自家近的人，反之则远。据说还可看出孩子将来对自家亲热与否。如此，大致与"夹"的谐音不乏关联。该办喜事了，"离娘肉"是传统彩礼中必不可少的一项，即在婚礼前一天或当日，男方要准备几斤上好的鲜肉给女方送去，以肋条肉、后腿肉最佳。为何？闺女是娘的心头肉，此礼的意思是她就要被俺娶走了，权当给丈母娘一些补偿并致谢了。女子妆扮一新出阁前要咬开一块喜糖，半块含在嘴里甜甜蜜蜜，半块压在床被下平安幸福。洞房花烛夜，先需"全乎人"铺床撒帐，老妇振振有词："一把栗子一把枣，来年生个大胖小儿。"转天早饭还要吃婆婆特意新煮的半熟的热鸡蛋，新媳妇答曰"生，生。"

婚后美满如胶似漆，俩人再好也不能同吃一个鸭梨或橘子，

老天津人过年习惯在水缸边贴上吉祥的缸鱼画，寓意进财水

"分梨"谐音"分离"，"分橘"谐音"分居"，要第三人咬一口或一起吃才好。小宝贝"跟脚儿"而来，转眼满岁。孩子过生日忌讳喝粥喝稀饭，以免将来过得稀里糊涂。平日里，有些家长也不

让小孩吃鱼籽，因为鱼籽不计其数，怕长大念书不识数。家长绝看不得晚辈把筷子竖插在米饭碗里，因为这像烧香不吉利，说不定一个巴掌就扇过去了。也不许小孩"剩碗底"，常吓唬他们剩饭糟蹋粮食会导致脸上长麻斑。饭前饭后，不允许敲碟敲碗敲锅盆，传言此举预示着将成为缺衣少食的乞丐。

迎年忙，过年忙，特别是操持饭食的人更忙更累。时下年节有饭店推出厨师入户办宴服务，此举在老天津叫"应外台"。特别是旧时大宅门过年待客开席多，不急，大饭店可提供全套服务，前前后后忙上好几天。什么炉灶炊具、桌椅摆设、碗筷器皿、原材料、半成品应有尽有，会一起送到主家，甚至一堂席可同开几十桌。只要银钱到位，可请头灶、二灶亲自掌勺，菜品地道，服务规范。

过大年，包饺子是不可两头捏的，以免耳朵聋。关于除夕的饺子馅，有的说不能剩下，恐怕来年心碎心事多；有的说要有富余，象征新年吃喝不愁。

再比如说在家吃年夜饭吃零食。闹新春，欢乐多，但切莫"得意忘形"。年夜饭讲究剩一碗，留到明年（次日）吃，叫"接年饭"，也可单独蒸一碗留着，意在连年有余、家财兴旺图吉利。嗑瓜子、剥花生，不同平日，果皮可尽情扔在地上的，除夕夜不要扫，儿孙们踩得"啪啪"作响，俗称留财踩岁（踩碎）。过年不吃梨、不分梨（离），讲究吃金灿灿的柿子、红彤彤的苹果或红果大糖堆儿，象征事事如意、红红火火。另外，正月里若不慎碰坏锅碗瓢盆，要马上说"碎碎（岁岁）平安"。

生活进步，理念日新，现代人一般不喜欢老例儿不许这不许那的"教条"，无可厚非。虽然很多习俗、俗信在自然淡化或消失，但人们美好的祈愿薪火相传，幸福的日子经久不变。

小孩吃百家饭

　　旧年天津普通百姓住大杂院的多，特别到了夏天吃饭点儿，家家常在当院自家门前摆桌子吃，邻里民生挺热闹。赵家妈本已做好烹虾米，可四五岁的小子狗儿偏不，扒拉了没两口便端着小碗开始四处"踅摸"吃了。

　　到了钱奶奶饭桌，奶奶疼惜大孙子，赶紧给拨点儿烧茄子、干饭；孙大姑正吃麻酱面，也一准儿从自己碗里给狗儿挑一筷子……一趟下来，狗儿吃得那叫个香啊，小肚儿鼓鼓像蝈蝈（俗称大肚子蝈蝈）。老天津卫把这叫"吃百家饭儿"，没人嫌弃小孩子，反倒觉得是生活一乐儿。此俗大致源于"百家衣""百衲衣"之俗，寓意无非期待小孩没灾没病长命百岁。

老天津小孩的饭单（围嘴）

忌"蛋"

民间吃红蛋也意味着新生儿降生

　　老天津食俗生活中比较忌讳说"蛋"这个字眼，大致为避开"浑蛋""王八蛋"骂人话的不雅，避开涉及男子生理的不宜。忌"蛋"最明显的例子是不直呼"鸡蛋"，比如二他爸嘱咐二他妈："你去买菜时别忘捎鸡子儿回来。"二他妈出了门，二他爸赶紧和面烙饼，单等小二子放学后一家三口晚饭吃烙饼"炒鸡子儿"了。假如哪天二子有个头疼脑热不舒服，二他妈常会给孩子做一碗"卧果儿"挂面汤补充补充营养。"卧果儿"就是汤水里软卧（煮）鸡蛋，类似的饭食鸡蛋飞花叫"甩果儿"，煎饼上摊个鸡蛋叫"磕个果儿"。

　　昔日副食店有卖"硌窝儿"的，即破裂的鸡蛋，新鲜的硌窝儿不妨碍吃，价廉物美，有人到了做饭点儿专门拿着碗去买俩硌窝儿。卖硌窝儿的也有干脆去掉残破蛋壳直接打到容器里的，若量大，其实也可买去做蛋糕。传统蛋糕被天津人称作"槽子糕"，而不说"蛋"字。它得名于烘焙模具那一个个小碗，津人叫"槽子"。

馒头、烧饼佐红油咸鸭蛋，以及皮蛋拌豆腐也是津人喜欢的吃食，鸭蛋俗称"鸭子儿"，鸭蛋的再制品皮蛋谓"松花"。二他爸早点吃的饽饽就腌鸭子儿、喝的浆子（豆浆，老味讲究大铁锅熬，起浮油皮）甩果儿，中午吃了摊黄菜（饭馆剩余的蛋黄所炒，美其名曰摊黄菜，多为敬赠），到晚饭时又寻思来一碟三合油（醋、酱油、芝麻油）姜丝拌松花，再喝几两酒，二他妈听罢厉声喊停："你这纯属'武吃'啊，还不嫌自己营养过剩紧着添肥膘吗？不提醒你，你还蹬鼻子上脸肆无忌惮了！"

民间的哏吃食

相声大师马三立曾在传统节目中生动学唱："有打灯笼的快出来呀，没打灯笼的抱小孩呀，金鱼拐子大花篮儿呀……"如果不知道"拐子"为何物，那他一定不是土生土长的天津人。活蹦乱跳的大鲤鱼在天津俗称拐子，较小的鲤鱼叫"拐尖儿"。马先生说的是正月十五天津小孩子们所打的灯笼的花样。直到今天，您去农贸市场买菜也总能听见小贩们吆喝："熬活拐子去——"

"老婆老婆你别馋，过了腊八就是年。" 旧俗农历腊月二十三祭灶，主妇们期盼灶王爷上天言好事，别说家中的坏话，所以得给灶君嘴头儿抹抹蜜，供上些灶糖。麦芽糖制成的灶糖有瓜状的和圆棍形的，天津人将前者叫"糖瓜"，常说"二十三，糖瓜粘"，称后者为"拔龙糖"，这"拔"字将制糖的过程表述得很清楚。

过大年离不开香甜的面食。老天津人俗称豆（馅）包儿为"豆篓儿"，韭菜包子叫"韭菜篓"，讲究薄皮大馅，好比足足一大篓子。另外，做面食时在面板上或面盆里撒些干面粉，天津妈妈说"撒面醭"或"撒醭面"，这里的"醭"是指做面食时撒在面片或案板上的干面粉，防止粘连。

在冬天，特别是春节期间，天津人爱做肉皮腊豆儿，肉皮与水发好的黄豆加上几个干红辣椒，在文火上做熟，然后或熬或炖烂乎，天津人叫"咔呲"。熬一锅豆类的稀饭需要着实咔呲咔呲，没牙的老太太吃些菜肉咸饭也得咔呲烂了，以利消化吸收。

拜大年礼尚往来送一盒"八件儿"、一盒槽子糕是天津人的老传统。在圆碗形状的模具中做的蛋糕就是"槽子糕"。新鲜的槽子糕松软溢香，硬邦邦的老陈货蒙不了"卫嘴子"。

老天津俗称花生为"大仁果儿"，称花生仁为"果仁儿"，或炒或煮或炸或蘸糖料。天津民间用沙土炒的五香果仁和老张家的什锦果仁可谓独树一帜。前者是下里巴人佐酒或"淡巴嘴"消遣的最好吃食，后者是清宫的御膳手艺，这两样小吃在美食王国里没的说，"绝"！

腊月里，老妈妈爱做肉皮腊豆吃

天津人热情好客，但凡喜寿宴席都要"大吃八喝"一顿才够热闹。过去时兴在家里办喜事，在胡同或当街就搭棚盘灶，厨师于前一天就来"落桌"了，连择带洗事先把菜品初步处理一番，做到心里有数，以免明天"抓瞎"。酒席过后剩下的各样菜品被收到一个个大盆里，俗称"折箩"菜。老年间有人串胡同专卖折箩，菜品来自饭店的剩余，穷苦人家花个毛八七的买一份，然后热透了吃，也算尝到了"馆子味儿"。

时下将游手好闲靠父母吃饭的小青年叫"啃老族"，老天津话说"就会咔呲爹妈"。这样的孩子难免遭人责备："就在家蹲朦吧，早晚有你'扛刀'的那天。"扛刀就是挨饿的意思，烟瘾大的人断烟了，心里没抓没挠的那叫"扛烟刀"。

天津传统美食中有不少让时下少年听起来很"雷"的名字，像"狗不理""猫不闻""耳朵眼""驴打滚"等，其实这地道津味一点也不"山寨"。一些趣名的诞生有时就源于"卫嘴子"的幽默，源于传统文化的精粹。

天津人爱喝稀食，爱吃饺子，老年间有一样二者兼得的美食，名叫"龙拿猪"或"龙拿珠"。用上好的高汤煮饺子，同时下面条，吃主儿戏称面条似游龙，饺子如小胖猪。特别是在寒风呼啸的季节吃上一碗，浑身热乎乎的，舒服至极。还有，如果在面条汤里氽一些玉米面的籴籴，天津人戏称"王八拉纤"。看来，那长长的面条被视为纤绳了。

老南市有一种怪名吃食，曰"瞪眼食"。一口大锅的老汤里热煮着下水，心肝肚肺俱全，食客围坐一圈你看着我，我瞅着他，彼此吃相不背人。你想吃嘛让卖主取嘛，吃多少切多少，卖主以小牌来记数，您吃饱了再结账。

最让人称绝的是津菜厨师著名的"五鬼闹判"，就是一个大厨可同时掌管五灶火。20世纪30年代津菜大繁荣，"五鬼闹判"之技在津十分盛行。昔日，大中型餐馆后厨的灶眼设计得挺特别，两个主火，一个边火，一个次火，一个汤火。主火旺足，用来爆炒扒熘见功夫的快菜，其他三眼火实为主火的烟道，边火上热油炸食、烧开水备用，次火用于慢工菜，而汤火专门为吊汤使。好厨子讲究精力集中，做到一望、二料理、三照顾，四五火同用，忙而不乱，能应付顾客随时叫急的局面。能驾轻就熟"五鬼闹判"的师傅绝非等闲之辈。

天津美食脍炙人口，天津民风朴厚，天津话情趣盎然。哏，有时也是一种境界。

说盐也俏皮

　　源于河海优势、漕运发达、码头熙攘、曲艺兴盛，培育了天津城市文化与民俗的特质，这也自然而然地蕴养、塑造了天津人善于交流、乐观向上的性格，更有了"卫嘴子"一说。人云，开门七件事——柴米油盐酱醋茶，但即便是金玉满堂，如果天天郁闷不乐呵，或许那一切都等于零。天津人开朗幽默，爱讲段子，爱说俏皮话，如此说来当是福分。

　　俏皮话（歇后语）是百姓在生活实践中创造的一种特殊的语言形式。人们见面说事，俏皮话有时会起到言简意赅的作用，用不着过多的大道理。若真遇到鸡毛蒜皮的不愉快，一两句俏皮话说出口，听者自然会醒过味儿来。津沽盛产盐，盐文化、盐民俗，乃至关于盐的俏皮话，同样影响着民生。今晚，与诸君说说这俏皮话的"盐打哪咸，醋从哪酸"，就算"盐店里聊天——闲谈"吧。

　　天津盐商多，盐店盐摊不愁没生意，所以老人们常说，没有不开张的油盐店，意思是买卖大小总能挣钱。其实，这也是对创业奋斗的一种鼓励，若长大成人了还在家一味"啃老"坐吃山空，那真可谓"吃盐不管酸"的败家子了。

　　话说三宝那小子到了当爹的年龄还一事无成，更听不进大人的话，要么出来进去瞎转悠，要么就像"盐场里罢工——闲（咸）

盐炒果仁是津味小吃一绝

得发慌"，反正是"鸡蛋换盐——不见钱"。邻居二爷好心劝他，三宝却嘴硬，气得老人家没好气儿地说："我吃的盐比你吃的饭、喝的水还多！"当爹妈的更是急在心上，老两口恩威并重地对三宝说："咱可是'坛子里的咸菜——有言（盐）在先'，到了年根底下，你要混不出个模样来，干脆就别进家过年了。"再看三宝，照旧强词夺理，"吃盐不多——闲（咸）话不少"，就好赛"爆炒的鹅卵石——不进油盐"。见这小子难有指望，从早到晚如同"盐碱地里的庄稼——死不死，活不活"的样子，数落他嘛好呢？唉，家大人也有苦衷，犹如"咸菜缸里的秤砣——一言（盐）难尽（进）"啊。三宝他爸对老伴掏心窝子地说，从今往后咱俩就是"油罐子同盐罐子——紧相连"，只好相互关爱度余生了。

再说"卫嘴子"爱聊天，也可谓一道市井风情。人说，三个女人一台戏，在天津，恐怕有俩姐们儿谈天就能热闹起来。若遇上点张家李家的、厂里的店里的新鲜事，几个闲人（咸仁——盐堆里的花生）凑到一起就像往"热油锅里撒了一把大盐粒——炸开了"。说什么张家五婶给隔壁小两口劝架，是"卖萝卜的跟着盐挑子走——操闲（咸）心"；说什么钱厂长非将好端端的职工福利暗箱操作，到头来弄了个"官盐当成私盐卖"，最终不得人心。说到这要插一句，自古以来贩卖私盐违法，若到了报应的时候，或许钱某人会问"为嘛？"别人一准儿会告诉他："不吃咸盐不咳嗽。"琢磨去吧。

说起来，关于盐的俏皮话、俗语在老天津还有很多，比如：青菜拌豆腐——有言（盐）在先；咸肉汤下面条、咸菜煮豆腐——不用多言（盐）、不必多言（盐）；硬壳的核桃——油盐不进；油锅里撒盐——闹个不停；热油锅里放盐——噼噼啪啪；盐店里聊天、盐堆上安喇叭——闲（咸）话多；盐老板抱琵琶——闲（咸）谈（弹）；吃挂面不放盐——有言（盐）在先；盐店里的买卖——闲（咸）得难受等，皆让人耳熟能详。

盐情盐俗，好似一粒粒因子，潜移默化地渗透到天津人的细胞中。可话说回来，爱说俏皮话，爱逗笑，也要掌握分寸，适可而止，不能成为"盐场里的肉——到哪哪嫌（咸）"的主儿。日常神聊，权且一笑，哪说哪了，其乐融融才是境界。

何谓"狗食馆"

对于路边的小饭馆小摊档，在南方，特别是巴渝地区俗称"苍蝇馆"，不明就里的人乍听起来难免感到"恶心"不理解，话说天津民间还有更哏的叫法，谓"狗食馆"。好端端吃饭的地方，虽小，怎就"狗食"了呢？

其实这俗谓由来并无定论，民间风趣俗成罢了，大致形容像在路边吃食的狗子那样，讲究不多，好歹就乎果腹就成，也似旧津歇后语：半夜下（饭）馆儿——有嘛是嘛。狗食馆得名还与其规模、条件太一般有关，或许是哪位阳春白雪之士认为路边小馆如某些人——上不了台面、成不了大事，然后顺嘴调侃而出。狗食馆之说与民间批评人放狠话"臭狗食"无关，无骂人之意。

昔日街头巷尾的狗食馆萌发于改革开放后的路边小吃摊，以砂锅类、烤串类为主，热腾腾的砂锅豆腐、砂锅丸子上桌，再来瓶啤酒或口杯（二两白酒），就个芝麻烧饼，足让饥肠辘辘的打工人吃得美滋滋，久而久之且落得"马砂"外号。第一批下海者在路边摆食摊攒下辛苦钱，加之城市管理"退路进厅"，狗食馆随之渐多。

说硬件，狗食馆不过几十甚至十几平方米的小门脸儿，甚至是临建房，连窗户门也是东拼西凑的。后来稍微好一点的小馆，其装修、灶台照样简单，桌椅板凳仍旧普通，或许上面还有些抹

街头巷尾的小饭馆
总不乏食客

不净的油。狗食馆多为夫妻店、兄弟店，再看炒菜师傅的围裙油乎乎乌涂涂，与脚下黏糊糊的地板倒是"相得益彰"，诸如此类，都需顾客"眼不见为净"。碟子碗边难免有磕碰小缺口，似乎没人在乎，而这发生在大饭店却不成，食客会认为此乃不尊敬，因为"叫花子"才用破碗。总之，狗食馆在这方面能省则省，别提档次，尤其是生意火爆的狗食馆暗地里还真有"你爱来不来"的小脾气。

　　硬件投入低，直接带来饭菜经济实惠的价格，这是狗食馆赢人的优势之一。当然，再便宜，若滋味不咋的也难有回头客。味儿正，是又一法宝，像八珍豆腐、老爆三、鱼香肉丝、宫保鸡丁、三皮两（层）馅肉饼、手擀面汤等，皆为小馆的看家饭菜，真材实料，煎炒烹炸，几乎家家都有"秘笈"，哪怕是简单的"花（生）毛（豆）一体（拼盘）"也煮卤得有滋有味。关键还要看菜量，满满竖尖儿一大碟，二人俩仨菜，也许还能连吃再捎带。酒足饭饱抹抹嘴赞不绝口："人家真给东西吃，下回还来！"有的狗食馆甚至没招牌，但老板相信，满街飘香就是招牌，就会门庭若市。这倒符合买卖道老俗话：金杯银杯，不如百姓的口碑。

昔日，若不是冬季，多数食客喜欢在店外路边吃，芸芸众生团团围坐，街灯下的市井画面顿生。嘈杂，是狗食馆的另一特点，是人们消闲侃大山、吹牛皮的地方。常见浓妆艳抹的半老徐娘挎着戴大金链子、大墨镜的男人一起来吃饭，他落座便扯开嗓门："刚谈了八千万的买卖，得热闹热闹……"同堂食客没人把这话当真，若真，早该去星级酒店了，来这干嘛？在旁人瞥来的白眼里，他好赛"二百五"，一笑而过。狗食馆不是摆阔拿架子的地方，放下身段、如家适意才接地气。

曾经，数不胜数的狗食馆是平民百姓、三五知己聚会的好地方，价廉物美让人感到温暖，这一点倒贴合旧津人图实惠、好热闹、随遇而安的性格，如此一来二去"狗食馆"也成了许多人的爱称，不乏嘴馋人横穿大半个城市慕名赶到哪家，就为尝一口那里的醋溜土豆丝。如今文明程度与生活水平越来越高，小餐厅越来越规范，有的还一跃成为网红，往昔狗食馆里的烟火气渐渐化作了城市记忆。

吃在"北洋"

众师生在校不仅要教好学好，同时也要吃好喝好，益身心，添活力，北洋大学暨天津大学120年来的校园生活莫不如此。早在学校创办初期，丁家立任总教习之时的清光绪三十年（1904年），他就参照美国几所大学的经验，亲自制定了各项管理制度，其中包括斋务（宿舍事务）规则、食堂规则等。辛亥革命后不久，《国立北洋大学校办事总纲》出台，与之配合的《国立北洋大学校学事通则》随即而生，其中除了对教育教学工作列出规定外，还专门就膳食管理、费用开支等予以详细说明，师生的饮食由此得到进一步改善。

俗话说：十里不同风，百里不同俗。有鉴于此，学校在有效管理的同时更注重以人为本，比如那个时期以广东籍、江浙籍学生居多，因为南北食俗与口味差异较大，所以学校允许学生自组"膳食团"，可谓开明、贴心之举，这也为学生锻炼能力且自行管理食堂打下良好基础。

20世纪20年代初，北洋大学校内有多个膳食团，学生自选团长，轮流管理，学生按个人习惯进团或出团自便。伙食费标准一如朴实的校风，力求健康美味、经济实惠，每人每月2至6元（大洋）不等，餐费最高的组团常被众人笑称为"贵族团"。张度于1922年8月考入北洋大学，后来成为著名水利专家。他曾回忆：

北洋大学旧影

"向学校报了到，交纳学费10元，就正式入学了……饮食方面，最早有三个食堂，他们是第一、第二和自治食堂，都是由学生自己管理。后来学生多了，又多组织了几个。分桌进餐，每桌6人，午晚两餐均为四菜一汤，早点是馒头、稀饭和咸菜，每月膳费约5元。"到了20年代末，校内增设南式食堂、第三食堂等。天津大学台湾校友会主编的《国立北洋大学记往》出版于1979年10月，一位1927年入学的校友在书中称，早年"还有教授食堂，同学也可以随时光顾，一饱口福。可是校门口左手的小铺总是全校同学零食的中心，胖胖的老板，总是笑脸迎接顾客"。另外，那铺子里卖的天津鸭梨、高粱酒也给师生留下较深印象。

北洋大学学生会（时称学生自治会）是非常活跃的社团，1931年、1932年间几次组织召开学生大会，研究并向校方发出提议，希望开设新食堂、修葺马路、充实新大楼设备等。至30年代中期，校内的膳食团已达十几个，供300多名学生就餐。据陈明远在《那时的大学》一书中介绍，当时人数较多的团有30多人，分坐五六桌，小团仅有两桌，大多能吃到家乡风味美食。

天津市政协原副主席何国模是1947年10月考入北洋大学电机系的，对学校一往情深。他在2005年9月接受媒体采访时回忆："学校里有四个食堂，同学家庭情况不一样，一食堂是贵族食堂，家里有钱的人在那里吃；二食堂是中间的，工薪阶层的子弟吃二食堂；四食堂是最差的，四食堂经常吃丝糕，就是玉米面蒸的发糕。三食堂是清真。"何国模在校期间的食堂仍由学生管理，每月选择管理人，学生还可以轮流监厨，是在快下课的时候去厨房察看。

第十辑

老城厢的水与茶

御河流淌的是"财水"

老天津虽坐拥"七十二沽"不缺水，但供居民直接饮用的净水资源匮乏，加之旧年天津城厢甜水井少，更无自来水一说，居民日常吃水很不便，需到海河、南运河（御河）、东河（河沿曾有水梯子大街）等处挑水吃。其中口感最好的是南运河水。这条河历史悠久，水质清透，历代帝王常途经往来，赴京漕运亦忙，故古有"御河"美誉。

"一根扁担两木桶，装满河水肩上挑，送水到缸进各户，换回工钱买菜肴"，水夫担水到城中售卖赚个辛苦钱。俗称"水夫"一行源起何时，无确切记载。据一位已故文史老人回忆，直到1937年他家仍有水夫送水，水夫是山东人，说他家在津挑水已四代，其同乡在津百年以上。依此推算，水夫行大致在清代乾隆、嘉庆年甚至更早就在天津兴起了。

水夫们靠肩挑或水车拉，挣些辛苦钱。昔日天津有两句俗话，一曰"挑水的看大河——净是（都是）钱啦"，二曰"一担水一来回，既累又不赚钱"。为了便于收水钱，更为揽住主顾，尤其是在取水挑水困难的冬季到来前，水夫们常常提前卖给主顾水牌儿。这一细节值得补遗。

那水牌儿类似小竹牌儿，上面有水夫个人专属的记号，比如水三文钱（文，旧货币单位）一挑，居民一家便花几十文预订下

架在南运河上的浮桥，
连通老天津钞关（北大关）

二三十挑水。之于主顾，这样可免去水夫每次送水来时交钱、找零的麻烦；之于水夫，提前聚拢了钱款。往往水牌儿就挂在院门后，常年服务的水夫送水入缸后取下一枚即可，规规矩矩。慢慢地，从入冬前预售水牌儿发展成四季皆会推销，说到底还是为锁定财路，主顾买了王五的水牌儿便不好意思再买赵六的了。

老年间吃好水是一大花销，水夫除了摘牌儿进账，按俗例但凡赶上雪天、雨天会朝主顾要酒钱；遇上红白喜寿事（婚嫁、丧葬、喜事、老人做寿）不仅要酒钱，还能在人家里吃席。大年初二是天津民俗进财水的日子，水夫更煞有介事，取水牌儿的同时，那挑"财水"与一同捎来的白生生的麻秆新柴火等，都要翻倍算钱。随着水夫增多，同行难免竞争，多人向大宅门推销水牌儿。大门后挂着几种不同的牌儿，水夫摘时需仔细看好，以免拿错。后来，水牌儿发售越来越滥，相关行业也搞起了小牌儿预售，比如街头巷尾卖开水的水铺，还有杂货铺等。20世纪五六十年代以来自来水陆续入胡同入户，水夫、水牌儿消失。

直到70年代，笔者在家门口豆腐房喝豆浆时仍需先在窗口买个小竹牌儿，竖长条样，上有烙下的记号，豆腐房反复使用，有的已然油亮包浆。也知道那时津地早点铺常见这类小牌儿，后来变成用金属牌儿。当然它已有别于老水牌儿，等同于如今的有价票证了。在机打小票流行的当下，笔者常去的老城里一家餐厅出售豆浆时仍使用菱形小铝牌儿，挺有怀旧感。

吃水前的搅与倒

过去家家户户离不了大水缸

挑来的水到家并不能马上饮用，必须费力加工才行，特别是到了夏天"麦黄水"季，处理起来更辛苦。何谓麦黄水？每年雨季一到，黄河水携泥带沙流进大运河，北上转入天津，那水灰暗黄褐发红，因正是麦熟时节，津人故俗称"麦黄水"。河水须沉淀澄清，这可不是一蹴而就的活儿。人们找来一米多长的竹竿搅水，事先在竹竿下方的几个竹节上开几个稍大的孔，此孔周边还要打几个小眼，孔中放入白矾。接下来开始顺一个方向搅水，因为白矾可使泥沙加速下沉，搅到缸水漩涡处见清透才可暂时歇歇。缘此，那竹竿也称白矾竿。

老年间家家户户常备两三口大缸，主要是供过滤水用。搅水沉淀后，头缸水需倒入第二缸，再沉淀，再倒入第三缸，平常日子还好，最后一缸就能喝了，但麦黄季则不然，第三缸还要搅还需澄，实属无奈。前两缸腾出来得刷洗，因为缸底泥沙残存多，哪怕"最净"的第三缸日子久了也会积下泥沙，所以隔十天半月也要刷，况且夏天微生物繁殖快，缸壁容易挂黏物。

卖水送水的水筲、水车木箱同样也需勤刷洗。昔时，如上这一连串劳作的辛苦可想而知，喝碗水沏壶茶谈何轻巧，不比如今龙头按钮一开甘泉即来。

萝卜就热茶

天津人喜欢喝茶，饮茶讲究"口儿"，好酽茶。"口儿"就是香气与滋味。这茶口儿或许还应包括天津人对热茶的偏好，俗称"烫嘴儿的"。其实这并不无道理，茶圣陆羽早在《茶经》中就说，"如冷则精英随气而竭"。浓口儿热茶之习似乎与天津人豁达豪爽、热情开朗的性格特征是相妥合的。

天津人讲究一天三遍茶，喝茶是百姓生活中必不可少之事。清晨洗漱完毕，有人就提着装好茶叶的大茶壶到水铺沏茶去了，很多人一早就能喝光一壶热茶。更有闲居的老人或想找点事由或好热闹的人，顺便到河边遛早就直奔了茶馆。如果这早茶没喝，则浑身不舒服。喝滋润了，再吃套煎饼馃子或来二两包子，冲碗茶汤或来碗豆浆，然后才开始一天的安排。午茶一般在饭后或午睡后，茶要酽，着实闷透了再喝，天津人说这样可助消化、提精神。"萝卜就热茶"乃津人俚语、食俗之一，这遍茶多在晚饭后。秋冬季天刚擦黑，胡同里就传来了小贩卖青萝卜的吆喝声，而这阵屋里的茶也沏好泡透了，萝卜就热茶绝对是一种享受。天津近郊沙窝的青萝卜脆甜，富含维生素，佐以热茶让人通宣理气，心清气爽。

正像一则民谣所说：早茶一盅，一天威风；午茶一盅，劳动轻松；晚茶一盅，提神去痛。老天津卫们岂止这三杯茶呀。

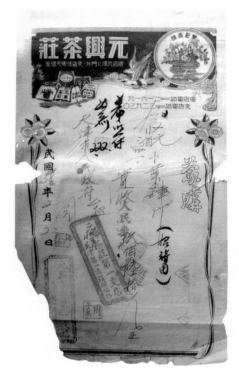

元兴茶庄于1949年2月开出的票据

　　新沏的热茶喝罢，那二卤茶最令茶客垂涎，俗称"二历儿"。的确，茶的色香味在此时才达到最佳。以后茶味逐渐变淡，人称"涮卤儿"或"茶根儿"，可嗜茶者仍不愿倒掉，非到色味全无才罢。天津大茶庄的茶叶品质上乘，十分耐泡，有的女士因嫌酽茶苦，专喜欢饮三四历儿茶，依然觉得有滋有味。

民俗茶趣

天津人对茶的情有独钟渗透于日常生活的诸多方面。天津人好客，家里来了亲戚朋友一定要沏茶款待。取茶时不可用手去捏，要倒在茶筒盖上再入壶。敬茶时稍弯腰，双手而奉，切忌手触杯口。不等茶凉就要给客人续热茶，以免有"人走茶凉"的怠慢之嫌。续茶只要七八分满即可，因民间有"茶半酒满"的俗例。续茶后壶嘴不得对着客人，否则失敬。

人们不仅嗜茶，对茶壶也是倍加爱护。主妇们时常要给茶壶缝制个壶套，一是护壶，二是保温。壶套有青布的，更有大红绸缎绣花的，翠鸟绿竹，美观实用。姑娘出嫁前，天津的妈妈们再忙也得新制一二做陪嫁，怕闺女喝凉茶受委屈。另外，人们喜欢买散装茶，回家后装入茶筒以保持茶香。茶筒，惯以"茶叶罐儿"呼之。富户人家讲究用景德镇的瓷罐或锡罐，一般家庭则用铁皮罐或竹筒，外观红花绿草的同样好看。

天津人日常饮茶喜欢用直身儿桶子壶，一天几遍酽茶不断，日久天长壶内便生了茶渍，俗称"茶山"。茶山讲究养，年深而厚。外观亮泽，内见茶山的茶壶最令老人们爱不释手，在他们眼里茶山显示着一种好饮的资历，更认为这样的壶很有价值。据说，有茶山的壶即使不放茶叶沏出水来也同样颇具香气。

每当明前、雨前新茶上市的时候，爱茶嗜茶的人不忍倒掉饮后的茶根儿，算去茶水加鸡蛋炒食，视为一道好菜。富户人家则在茶叶初泡之时就择其嫩芽炒虾仁、烩豆腐吃，鲜美无比。再有，养花的人用饮过的茶叶浇花松土，此俗至今依然。天津人喜欢吃"京八件"糕点，吃时也习惯喝点茶。旧时的茶食铺供应大小八件也是要备些热茶的。

天津人嗜茶，正如林语堂先生在著作中所说的那样，"在家中喝茶，上茶馆也是喝茶，开会时喝茶，打架讲理也要喝茶；早饭前喝茶，午饭后也要喝茶。有清茶一壶，便可随遇而安"。

老茶叶罐上的图画为上海名家所绘

天津人最爱喝花茶

茉莉花茶包装袋

茉莉花茶在津可谓有口皆"杯"，曾长期风行市场，其最主要的特点就是香味柔和，口力醇厚，滋味甘芳，三泡茶味仍然不减。

老天津茶叶市场的货源主要来自江苏、安徽、福建及浙江等地，皖南、皖北的茶坯久负盛誉，苏杭的花窨技术同样是闻名遐迩。历史上，除南来的商船所载大量花茶抵津外，天津的几大茶庄也不断在外建庄设厂，采办窨香，以适合天津人的口味需求。当年，正兴德茶庄经过精心选择名产区的茶叶，配制出了名扬四方的花大叶茶。大叶茶的原茶产于安徽六安、歙县等地，叶片肥壮且吃花力强，改为明火炒制后则更为出色，加之独特的窨香工艺，自然为人所好。

人们买茶时习惯以价称之。茶客们喝惯了某种口味的茶，进店购买时便直接说"来斤五块（钱）的"，掌柜的明白该给顾客拿什么档次的茶叶。三元的也好，五元的也罢，这就是等级之分。

不同产地的茶叶品质不一，又受自然条件、季节、工艺等诸多因素的影响，质量的差别在所难免。因此，在上柜之前便需要进行合理的组合拼配，取长补短，形成相对稳定的等级，以级定价。天津茶讲求拼配很有传统，商家认为如若没有大的市场波动，切忌随意提价或降质，喝走人们的"茶口儿"，那买卖可就要倒牌子了。茶庄将到津的原茶严格按"奇、鲜、厚、疲"分出三六九等。味奇且鲜亦厚者为奇鲜厚级；稍次为鲜厚级；有底味而不鲜者为厚级；味好但不耐泡者为鲜；最次者为疲级。有的茶庄坚持每天早晨泡一大壶茶，循序渐进，从低到高，再由高至低，日复一日，目的是让伙计们将不同等级茶的色香味深谙于心，即使闭着眼也可明鉴，要的就是行家里手。

另外，老天津喜欢喝花茶末的不乏其人，上好的茶末并不便宜，俗称"高末"或"高碎"。茶末具有很好的溶解性，汤色也较为持久。茶末便是不同等级的茶叶在拼配制作之余产生的"特色"。

甜水沏茶

　　津沽之地因水而兴，永定河、大清河、子牙河、南运河、北运河交汇于此，天津的水确让咱夸口，昔日，南运河水清冽甘美，有"御河"之誉。运河甜水泡茶所独具的香气，荡气回肠，至今仍令许多老天津人回味。当年，聚于运河岸边的茶庄生意之红火，是与样品茶借水发香密不可分的。

　　天津人过日子有到水铺买水的习俗。水铺所卖的水亦多为运河甜水，分熟水与生水。水铺临街而设，砖灶上卧两口大锅，一口小锅，四季热气腾腾，"咕嘟、咕嘟"响个不停。掌柜的知道天津人嗜茶，且一早就喜欢豪饮，因此那破晓时的第一锅水绝对是滚沸的，以备沏茶用。清晨，人们提着放好茶叶的大茶壶纷至沓来，伙计将满满一勺水高高举起，向壶中准准地冲下去，茶的香气即刻弥散开来。早晨的这锅沸水很有限，也使得人们需要趁早

水夫送水图

去沏茶。例外的是，那些隔三岔五给点小费的人，无论你何时去沏茶，掌柜的都会悄声告诉你稍等，随即打开灶门捅旺炉火，吸几口旱烟的工夫水就滚沸了。看来，嗜茶者为了那"茶口儿"是需要费点心思的。

有的水铺还在门外设个小茶摊，方便那些走街串巷的小贩，赶车拉脚的车夫，挖河扛活的劳工等在此歇脚。茶摊本小利微，多用低档茶末、茶梗，虽然无味，但汤色尚可。茶客们在十字支架撑起的布伞下，或青石为桌，或木板为案，从怀里掏出大饼馃子或馇馇咸菜，边吃边喝，热热乎乎，好不畅快。另外，附近闲居无事的老人也愿围坐桌旁，一碗茶，一袋烟，海阔天空，自得其乐。

茶馆里水的凉与热

水对于昔日的茶馆同样重要。老天津茶馆门前或罩棚下，常设几口大缸，盛满由运河挑来的水，澄清后烧开以备沏茶用。因为茶客们自带茶叶者居多，所以那水的优劣与冷热就是茶馆生意的招牌之一。

老天津人饮茶有内饮和外饮之说。在家中称之为内饮，在茶馆、浴池、茶摊、茶园等谓之外饮，内饮与外饮皆兴盛。天津的茶馆除饮茶之外间或有信息交流、劳务雇工、花鸟鱼市、娱乐休闲的多功能特征。

天明之时，茶馆的水就烧开了，伙计们"请"上幌子后，就陆续有老茶客前来。客人到门口有"茶房"远接高迎至座位，接过脱去的外衣，递上热手巾把，把茶沏好。在茶馆中给人找座位的、卖糖果瓜子的、打手巾把的被称为"茶房三行"。饶有趣味的是，在午后及晚间说相声、说评书、唱大鼓等曲艺演出前，前排的好座位（旧俗不分号位）多被茶房以扣碗的形式预先占下，用来招待那些常付些小费的老茶客。茶馆内不时有卖小吃、卖香烟、卖报纸的商贩游动。

天津工商业发达，民间有不少大规模的工商会馆、公所等组织，方便集会议事。但那时相当多的个体劳动者、行商贩夫是没有这类组织或场所的，于是他们每天一早就到茶馆来喝茶，借机

老南市是天津人喝茶听戏的乐园

聚会、找活、谈生意。值得一提的是，五行八作依其相近的行业常常聚在某一固定的茶馆，逐渐成为一种定式，好似如今的沙龙一样。

茶庄三名店

正兴德茶庄

正兴德茶庄老广告

正兴德由天津"八大家"之一的穆家于清嘉庆年间在竹竿巷创办。最初，正兴德只是在津就地买卖一些湖南、湖北的青茶及安徽的六安大叶。后来，业务有所发展，便在南方茶产区设厂直接收购新茶，就地加工焙制，然后返津销售。此时正兴德的经营方针是"大量生产，新法制造，直接采办，批发零售，货源充足，薄利广销，装潢美观，包装坚固"。

正兴德茶庄的发展与壮大始终依赖于其有效的经营管理手段。正兴德虽是独资经营，但东家不过问经营管理，只是年终由经理向东家交代红账。人事、财务也由经理全权处理。茶庄还有这样一项制度，经理必须从号内选拔，从学徒中提升，不可外请。在利益方面，经理可享受浮股，按年度分花红。这些科班经理与正兴德的命运同生共存，休戚相关。职工的工资约有8级，逐年

民国时期正兴德茶庄在黄山的制茶厂

由经理、柜头等视工作表现酌情提升。在职工待遇方面与其他商号不同的是，学习无期限规定，进店时须作保立据，严守制度。

如职工在外不许从事茶叶同行业务，一律剃光头，不许听落子，不讲吃穿，不许饮酒、吸烟，不许把裤腿口松开等。如有触犯，正月初二的"散人节"是不留情面的。进店学徒第一年不给工资，仅获年终的15串钱和大米一包、面粉一袋。这就是店里的顺口溜"会干不会干，头年七块半，一包米，一袋面"。学徒自第二年起薪后才做"小同事"，也有谚语："先来是师兄，后来是师弟，师兄支师弟，师弟必须去。"年底分红时，按正兴德的规定，股东占总数的64%，正副经理、柜头占32%，其余4%作为职工花红。职工也按等级分配，另设一至二人的优、特级，"七七事变"前最多可分200多元，少则只有20元左右。

正兴德在茶叶质量把关上尤为严格。各厂茶叶入津后，经品尝按"奇、鲜、厚、疲"分出等级，疲及不合格的将立即被通知改进。加之有效灵活的销售手段，正兴德茶庄多年来一直享誉包括本地在内的华北市场。

成兴茶庄

1936年，正兴德茶庄的总账刘少波以及广告主任、采办、推销员等数人，因与老板意见不合而集体辞职，他们集资3万元，由刘少波牵头，在正兴德竹竿巷总店的对面开办了成兴茶庄。之所以叫"成兴"，取意"成大事业唯信用，兴立基础在精神"的头两个字，成兴人也以此为经营信条。成兴茶庄还注册了"城星"商标，象征星辰照耀万里长城，与"成兴"谐音。

成兴茶庄等零售大户，因有雄厚的资金保障可以大量购销，不仅左右零售市场，也对批发商产生影响。昔日，成兴茶庄资金丰厚，同时还进入南方产区直接采办加工或自设茶厂，省去中间环节，降低收购价格，让利给顾客。成兴的茶叶物美价廉，百姓获益。

当时，天津的茶叶市场竞争激烈，不少茶庄加大日常广告的投放量，小而精的广告在各大报刊频频亮相，广告的情调塑造常常悉心策划，画面充满茶文化所独具的清雅之气。

成兴茶庄的广告可谓无孔不入，接二连三的报纸宣传之外，其他形式也是五花八门，广播、月份牌画、电影银幕、铁路车站及沿线广告等，花样繁多。当时，电话已有所普及，人们习惯在送话器一端包块绸布。成兴茶庄也敏锐地将此视为契机，加工出印有"电话要茶，随时送到，成兴敬赠"字样的绸布分发给用户。

1940年鉴于中远途运输的损耗，特别是当时人们饮茶品位的日益提高，成兴茶庄在营销过程中抱着试试看的心态，推出了小包装袋茶，没想到一炮打响。成兴的小包装袋茶的茶袋纸质坚固，双层严密包装，外袋为模造纸，内袋为有光纸，外印精美图案。袋茶的问世，在很大程度上解决了边远市场在运输方面的困扰。同等质量的好茶经过分装，既经济又体面，且饮用方便。成兴小袋茶按质取价，每袋零售从5分到3角不等，童叟无欺，受到人们的欢迎。

成兴茶庄乘胜追击，在广告宣传方面可谓煞费苦心。成兴茶庄将目光瞄准了戏园、茶园、大舞台等休闲演艺场所。他们大量包下园子里演出用的桌围（多以布或绸缎制成），成兴无偿提供，上绣演员大名，下挂"成兴敬赠"的字样，非常醒目。每换一次演员，桌围也随之更换。谭富英、张君秋、马连良等名角到天津中国大戏院演出时，成兴茶庄抓住机会与院方开展合作，随票附赠袋茶一小包，不惜成本。

不仅如此，成兴在杂货店、浴池、旅社、茶摊等处广设代销点，统一制作了搪瓷招牌，"代销成兴袋茶"的广告语一时遍及街巷。同时，在浴池、旅社的窗帘上也加印成兴袋茶的广告字样，可谓无孔不入。

功夫不负有心人，成兴袋茶在广告的强力助推下，畅销各地。此后，袋色、袋烟、袋糖等袋装小商品迅速普及风行开来。

广裕茶庄

广裕茶庄的前身是民国初年的九恒茶庄，1920年改组为广裕茶庄。历史上，除南来的商船所载大量花茶抵津外，包括广裕茶庄在内的天津的几大茶庄也不断在外驻庄设厂，采办窨香，以适应天津人的口味需求。

事业的成功与严格的经营管理和周到的服务是密不可分的。广裕茶庄铺规严明，用人讲究"生行莫入，熟行莫出"。一般少年自入店即与商家订下契约学徒，成为"写字儿学徒"，要谨记"不穿三年木头裙子，学不成一个买卖人"的内涵。穿木头裙子就是站柜台，商家用人时也爱用穿过木头裙子者，认为他们业务熟悉，守规矩。另外，不用"三爷"（少爷、姑爷、舅爷）是多家名店的共同特点。习惯认为，"三爷"是造成内部矛盾与意见的根源，任人唯能胜过任人唯亲。对于职员打架违纪则有"两人打架，一打两散"的规定。

职工学徒无期限规定，进店时须作保立据，严守制度。同时，店员要不断精熟业务，勤勉努力，店里经常提到的"买卖不懂行，瞎子撞南墙""买卖常算，庄稼常看"等俗语正是这个道理。

另有一段文坛逸事，说起来颇为有趣。董凤桐是近代天津知名的书画家，他心通古意，寓巧于拙，博采众家之长，吸收了篆隶和颜真卿的厚重笔道，形成了一种结体敦方，用笔圆转，外形拙壮而内涵俊美的艺术风格。当时响名南北的天津书法大家华世奎非常器重董凤桐，据董泰岳口述、曲振明整理的有关文稿介绍，1940年广裕茶庄求华世奎题写匾额，但华世奎因身体欠佳，一般的求字能推就推，有的推不掉，就找人代笔，广裕茶庄的匾就让董凤桐代笔。董凤桐平心静气地把这几个字写得十分舒服，华世奎见后真有乱真的感觉，于是在书件上落下了自己的款和图章。

20世纪80年代以来，广裕茶庄经营的名茶越来越多，品种过百，名优产品占半数以上，受到茶客的普遍好评。

茶叶品种与价格

　　笔者收藏有一幅老天津裕源号茶庄的广告故纸，约印行于1928年前。当时，裕源号位于北门外单街子金华桥旁，生意很红火。故纸信息显示，裕源号经销品类丰富，有龙井、碧螺、六安、普洱、白毫、红梅、双窨小叶、双窨大叶、珠兰香茶、各种熏末等10大类，近130个品种。如龙井茶分为12个档次，最高级的超等贡狮9.6元（银圆，下同），中档的优等贡龙3.2元、超等龙井1.6元、优等龙井1.2元，低端的特等龙井只要0.95元。说到"贡狮"，龙井茶产于西湖西侧的群山中，其中又以狮峰山、龙井村所产品质最佳。"贡"牌素具历史，一直受皇朝青睐，有口皆碑，如此，超等贡狮龙井茶身价之高也就自不待言了。

　　茶末易溶解，汤色也较为持久。裕源号中的熏末茶中花品香末0.96元、双熏仙品末0.8元、双熏高末0.64元、明前末0.36元、高花末0.28元、原香末0.28元、香片末0.24元、毛峰末0.16元、红梅末0.18元等。再说红梅茶，它属红茶类，产于杭州钱塘江畔，汤色鲜亮红艳，好似红梅。

　　另据广告，裕源号还经销广州苦丁、苏州松萝、杭州贡菊、玫瑰花、玳玳花等。松萝属绿茶类，创制于明代初叶，产于黄山余脉松萝山上。作为历史名茶，它较早就与龙井茶齐名。明人袁宏道曾有"味在龙井之上"的赞誉，清人江澄云在《素壶便录》

中也说："茶以松萝为胜，亦缘松萝山秀异之故"，作者分析称，那山那茶清而不瘠，清而气香，不瘠则味美，再加上制法精到，所以胜于他处的茶。关于玳玳花茶，它香高味醇，具有一定的开胃通气的保健作用，有人称之为"花茶小姐"，畅销华北、东北、江浙等地。

笔者另收藏有一份天津正兴德茶庄的宣传资料，约印行于20世纪30年代初。这份资料虽有残损，但仍可窥见老天津茶叶的丰富品类。当时，正兴德经销的龙井茶类有密云龙12.8元、狮峰龙芽9.6元、狮峰贡龙8.0元、狮峰云叶6.4元、狮峰金华4.8元、狮峰玉英3.2元、瑞字龙井1.4元、云字龙井1.6元、翔字龙井1.2元、龙字龙井0.96元。碧螺春类有洞庭碧螺8.0元、超等贡碧6.4元、极品碧螺春4.8元、明前碧螺3.2元、雨前碧螺2.4元。眉茶类有婺东珍眉3.2元、婺东秀眉2.4元、婺东贡熙1.6元、婺东眉熙1.2元。黄山素茶类有天都云雾6.5元、明前毛峰4.5元、天字毛峰2.5元、地字毛峰2.5元、人字毛峰1.9元、素明芽1.6元、素雨前1.2

品类林林总总，足以让茶客挑花眼

元、清香早春0.96元。六安素茶类有霍山上瓜片3.2元、雾迷银毫2.4元、霍山梅片2.4元、六安攀针2.4元、六安银针1.6元、火前春1.6元、抱云鲜0.96元、马上鲜0.8元、枝枝兰0.64元、状元鲜0.45元等。此外，还有相对低档的素菊花茶、六安火冲茶等。

上述眉茶属绿茶，因其条索纤细如女士秀眉而得名，产自安徽、浙江、江西三省交界地区，其中以婺源所产较为知名，即前文提到的"婺东"一带。眉茶分为珍眉、针眉、秀眉、贡熙等品种，茶的色泽绿而油润，香气高而持久，滋味鲜浓有回甘，汤色透亮。如今，珍眉外销量大，颇得好评。再说六安茶，许多老天津人喜欢价廉物美的六安瓜片，又俗称"大叶茶"，曾风靡民间。六安瓜片产于安徽六安、歙县等地，是无芽无梗的茶叶，求"壮"不求"嫩"，由单片生叶制成，味浓而不苦，香而不涩。在窨花过程中，叶片"吃花"力强，改为明火炒制后更为出色。正兴德早在清朝末年就陆续到产地采办，且有独特的窨香加工技术。

读者也许会问，当年茶叶的价格是贵还是贱呢？岁月流转，经济与社会生活中的价格比值是个复杂问题，经过论证，学者陈明远在《文化人的经济生活》等专著中举例：如1920年至1926年间，在上海1元可买18斤大米，或买7斤鲜肉。如1934年至1936年间，在北京1元可买8斤鲜肉，或买六七米阴丹士林蓝布。大致推算，那时候的1元约折合2007年前后的人民币50元上下。还有一个概略数据表述，1927年普通中学教师平均月薪120元，小学教师30元，一般工人15元。

津茶出口旧话

启元茶庄在张家口、绥远开办分号，
有效地传播了茶文化

清代中叶，我国较大的茶叶市场在汉口、上海、福州。北国天津虽不产茶，但天津以独特的区位优势、商贸优势，与烟台、广州等地相继发展成为三大茶叶集散中心。天津城三岔口、北门外是河流交汇之处，又有大道通达京城，很多漕船、商船泊岸，茶商贩客纷纷在河岸附近落脚，设局开店，经贸活跃，商品远涉三北各处，及远东地区。

中俄两国的茶贸易早在清代咸丰年以前就有往来，天津、恰克图（清代中俄边境重镇，俄语"有茶的地方"，又名买卖城）是重要的商贸节点。1860年（清咸丰十年）天津开埠通商后，随即成为连接南方与西伯利亚地区的枢纽城市，俄商纷至沓来。1862年前后，俄商正式通过汉口将茶叶转运至天津，再进行贸易。如1868年由汉口至津的砖茶达700多万磅，红茶170多万磅，数量与日俱增。过天津的陆路茶，因比原来从汉口走海路的运程时间大大缩短，其香气自然更浓。同时，俄商在津设立了多家商号，方便直接经营。至1873年左右，由天津转口俄国的贸易额高达约220万海关两，除茶叶之外，俄国商人还将冰糖、绸缎、毛皮、外烟等洋广货也由此出（转）口到张家口、恰克图、库伦（乌兰巴托）、美国等地。

在天津东门外宫北大街有条萨宝石胡同，那里是俄国茶商最早的聚落点之一。为中转茶叶便利，贵族出身的李特维诺夫与妻子早在天津开埠后不久就到达天津。当时海河畔娘娘宫、玉皇阁一带是车水马龙的水陆码头，商市繁华，李特维诺夫以商人的洞察力选址于此，开设了萨宝石洋行（又名顺丰洋行）。他从湖南、湖北、江西、安徽等地大量收购茶叶，并在汉口、九江设立茶厂，加工成茶砖，运到天津，再从天津由骆驼队经张家口运至恰克图，再到西伯利亚或欧洲市场。

与李特维诺夫形影相随的还有巴图耶夫，他1874年（同治十三年）先到汉口设厂，后到津开办阜昌洋行，除经营茶叶出口外，还兼营皮毛、麝香、鹿茸、人参等，也进口俄国毛毯、布匹等，获利颇丰，在津一跃成为巨富。

第十一辑

老店名吃

会芳楼有炸冰核

常言道，水火难容，可老天津的一道名菜也许会颠覆这一说法，菜的名字就叫炸冰核。说起炸冰核，它早在清代同治年间就被天津诗人周宝善记录在《津门竹枝词》中。去掉头尾的豆芽菜叫豆莛，"卫嘴子"讲究吃，且要在细细的豆芽中夹入肉馅，足可谓奢侈刁钻了。更有甚者便要油炸冰核吃。1931年刊行的《天津志略》里"生活民俗"部分列举了大量天津四季特产与美食，也提及炒山楂、炸冰核、炸银鱼、扒白菜、炸比目鱼条等美味。看来炸冰核在津传名已久。

炸冰核是驰誉南北的津菜名厨穆祥珍的拿手名菜。

清光绪二十八年（1902年）穆祥珍出生在天津大丰路小杨庄，他从小在南市清真字号学徒，少年时只身南下到上海学艺，没几年便名动上海滩了。1922年，爱因斯坦偕夫人应日本友人邀请赴日讲学，乘日本邮船于11月13日经停上海，在黄浦江汇山码头登岸。中午，爱因斯坦夫妇到一品香餐厅用餐。一品香餐厅以中式西菜著称，青年才俊穆祥珍正是这家餐厅的厨师。爱因斯坦食罢，对中国饭菜赞不绝口，云："具有古老文明的地方，其烹调也必然发达，中国就是这样。"

约20世纪30年代中期，30多岁的穆祥珍已是天津会芳楼的头灶，他就遇到过行家吃主儿。

老天津法租界梨栈一带当时知名饭店云集

　　话说一日会芳楼来了位"八大家"阔少，在此为姨太太办寿宴，当各样佳肴吃罢，那位爷点名要吃爆炒冰核，说要败败心火。这"突如其来"要遇上"二把刀"厨师非懵头不可，岂料穆祥珍胸有成竹。他让小伙计取来人造冰砸成核桃大小块，然后用豆皮一个个裹好，再逐一蘸挂蛋清糊，控好油温过油炸，出锅后又浇上事先准备的糖醋汁。整个过程稳中有快，趁热上桌，那冰核果真还没化冻呢。外层豆皮酥香，内里冰核嘎嘣脆，简直出神入化了。那阔少尝罢心悦诚服，连连叫好，于是特意请出穆祥珍，敬上一杯酒，还拿出钱来奖赏了穆祥珍。

　　炸冰核之技后来传到东北，当地俗称炸冰溜子，又传到济南，成为名菜。梅兰芳1960年到泉城演出期间就品尝过炸冰糕，同样是冰糕外挂薄糊，热油炸出。第一次尝此美味的梅先生惊喜连连，还专门让厨师讲授做法。如今，宝岛小吃中也有油炸冰淇淋，尤其受到时尚青年的欢迎，有人戏称可谓不一样的冰火两重天。

鸿宾楼特色全羊席

谈及老天津的奢华宴席，必须要说到鼎鼎大名的鸿宾楼。鸿宾楼开设于清咸丰三年（1853年），店名源自《礼记·月令》中"季秋之月，鸿雁来宾"一说，表示有重要客人光临。鸿宾楼匾额为晚清天津进士于泽久所题，金底黑字，传说用了大约20两黄金（相当于今六七百克），非常气派。

鸿宾楼素以全羊席驰誉，且具丰富的人文基础。古人认为羊是吉祥动物，《说文解字》里有"羊"通"祥"的记载，最切合食客心理。其实，全羊席早在金代就已出现，宋人洪皓在《松漠纪闻》中表述，"金人旧俗，凡宰羊但食其肉，贵人享重客，间兼皮以进，曰全羊"，元代宫廷饮食也出现过全羊大菜。清代满人嗜羊成俗，也成为御用美味，康熙皇帝曾以全羊席宴请外藩王公。此食俗发展到同治、光绪年间更盛，元旦、万寿节等重要活动中都

鸿宾楼老牌匾

设全羊席。袁枚在《随园食单》里记"全羊法"72种，稍后的徐珂在《清稗类钞》中的笔记更为详细，菜品总数达108种，且对烹法、菜形、菜味、器皿等皆不乏记录。

清末民初以来，天津城市熙攘繁华，相形之下的餐饮业蓬勃发展，宴宾楼、会芳楼、鸿宾楼、鸿起顺、燕春楼、同庆和、永元德、畅宾楼等民族风味名店鳞次栉比。位列其中的鸿宾楼深感行业竞争带来的压力，继承传统、创新菜品是进一步吸引食客的有效门径。民国时期，鸿宾楼名厨师承前人全羊大菜之法，将菜品又增加到120多种。重要的是，鸿宾楼的全羊席可谓"吃羊不见羊，食羊不觉羊"，显赫津门。

缘何"吃羊不见羊"呢？传说慈禧太后过六十大寿时曾选鸿宾楼全羊席入宫祝寿，但慈禧属羊，菜名带"羊"字犯名讳，所以菜名必须更改。如此，菜的主料虽大都取自于羊，但需结合羊身上各不同部位起出好听的别名。

比如，用羊耳烹迎风扇（耳尖）、双飞翠（耳中）、龙门角（耳根）；用羊鼻烹探灵芝（鼻尖）、望峰坡（鼻梁肉）、明骨鱼（鼻脆骨）；用羊舌烹落水泉（舌尖）、迎风草（舌根）、饮涧台（舌旁颊肉）；用羊眼皮烹明开夜合等。再比如，用羊心不同部位做出鼎炉盖、提炉顶、凤头冠、爆炒玲珑、七孔灵台、安南台等。不仅如此，骨髓、羊眼成菜鞭打绣球；羊肺、蛋清、鱼蓉出菜冰花松肉；耳骨切丝出汤菜余千里风；蹄筋出菜焦熘脆；羊脊背出菜蜈蚣岭；羊肠出菜炸鹿肠；羊肝切片炸制后撒少许白盐出菜红叶含霜等。不胜枚举的全羊席菜品取名巧妙，寓意贴切，形象生动，彰显食文化内涵，同时又让食客大饱口福与眼福，令人拍案叫绝。

鸿宾楼的全羊席除全羊菜品外，上菜前还要有四干果、四鲜果、四蜜饯、四青菜、四冷菜、四甜碗；席末还要上四主食、四汤菜等，级别之高非比寻常。

不单是全羊大菜，鸿宾楼同样擅长烹制百多种山珍海味菜肴，技法以扒、炸、烧、焖、烩、熘、炖、爆、蒸见长，烹饪过程中严格把控风味的独特性，力求做到最佳。鸿宾楼菜肴讲究酥、脆、软、嫩，口味鲜咸清香，像浓汤鱼翅、芫爆散丹、葱烧海参、砂锅羊头、红烧牛尾、鸡蓉鱼翅、白蹦鱼丁、玉米全烩、炖蹄筋等无不脍炙人口。

另有一个细节，在1936年的《天津电话号码簿》中，"鸿宾楼羊肉馆"店址注明"日租界"，即旭街（今和平路）。1948年的《天津电话号码簿》中店名为"鸿宾楼饭庄"，地址未变。

新中国成立后，为了推进首都建设与丰富餐饮文化，鸿宾楼响应国家号召，于1955年7月迁往北京。传说老堂头王守谦此行小心翼翼地带了几样宝贝，如那块金匾，还有上写"全羊大菜""山珍海味"字样的两块铜牌（幌子），以及慈禧御用的象牙筷子和一些银质餐具等。初到京城的鸿宾楼融汇京津风味，精益求精，很快博得各界赞誉。1963年郭沫若不仅为鸿宾楼题匾，还作藏头诗一首："鸿雁来时风送暖，宾朋满座劝加餐。楼头赤帜红于火，好汉从来不畏难。"1983年末代皇帝溥仪的胞弟溥杰到鸿宾楼用餐，对菜品赞许有加，随后请启功为鸿宾楼题写匾额。

到了80年代，鸿宾楼厨师进一步挖掘整理全羊席文化，在原有大菜基础上又创制出滑炒凤丝、雪片纷飞、甜蜜常思、青山挺立、旭日东升、西施腐乳、春回大地、银装素裹、荟萃一堂、烹烧鹿筋等新菜。2008年"牛羊肉烹制技艺（鸿宾楼全羊席制作技艺）"被列入国家级非物质文化遗产名录。

脍炙人口是鲁菜

一直以来，天津人对登瀛楼好评如潮，对鲁菜情有独钟。天津食客素来爱吃山东菜，鲁菜在老天津餐饮业中一直占据着半壁江山。山东风味菜先于京城兴起，早有掖县人景启给乾隆皇帝当过御厨，后有八旗子弟的交口称赞。但天下没有不散的宴席，在清末民初飘摇的时局中，京城的山东馆变得一下子门可罗雀了，鲁菜师傅于是蜂拥而至天津城，并由此发达。

在津落地开花的山东菜口味繁多，很好地适应了五方杂处的天津人的饮食习惯。鲁菜厨艺讲究煎、炒、烹、炸、汆、烩、爆、扒、焖、熏、卤、熘、酱、烤、炝、拌、蒸、煮、煨、拔丝等，每样技艺又有若干手法，如爆炒、滑炒、清炒，如软炸、干炸、清炸。大多数老天津人"三天不吃鱼就要学猫叫"，恰好鲁菜厨师擅长烹制海鲜，买卖相宜。厨师们原来在京城早就学会了地道的满汉全席、南北大菜，恰好天津的寓公富商腰缠万贯，不厌菜精味绝。天津为鲁菜的发展提供了最好的物质环境与展示平台。

天津的传统鲁菜派系分为福山帮、济南帮、东昌府等风味。福山帮中以登州（福山县）人、莱阳人、青州人居多，他们烹制的河海时鲜令人叫绝，口味鲜香，还有醋椒活鱼、葱烧海参、油爆双脆、肚丝烂蒜等菜品。老天津著名的山东风味十大饭庄——同福楼、天源楼、永兴楼、会英楼、天兴楼、松竹楼、蓬

老天津鲁菜名店
登瀛楼

莱春、万福楼、全聚德、登瀛楼就是由福山帮开办的。

济南帮以济南人为主，他们擅长制汤、用汤，另有奶汤白菜、九转大肠、蒸芙蓉虾仁、鸡丝捣菜等菜品也很吸引人。

东昌府一派以平阴、聊城、东阿人居多，他们经营的地方家常菜和面食经济实惠，适宜大众，如软炸里脊、熘鱼片、海参摊黄菜、熏肠、杠子面条等久盛不衰。

鲁菜十大饭庄中的登瀛楼传名最久，饭庄的名字取自《史记·秦始皇本纪》中的"海中有三神山，名为蓬莱、方丈、瀛洲，仙人居之"之句，并有李白"海客谈瀛洲，烟涛微茫信难求"的诗意。

1913年，登瀛楼创办于天津南市建物街华楼旁，于1924年迁址到附近的东兴大街，1931年又在法租界葛公使路（现滨江道）开设了分号，生意更为兴隆。登瀛楼的经营特色可用制度严格、

第十一辑 老店名吃

285

考核精细、重视质量、服务过硬来概括，其菜品在山东风味的基础上不断吸收各家之长，积极听取顾客意见，逐渐形成了自己独特的风格。登瀛楼的菜品中不仅有名贵的一品官燕、黄焖鱼翅，也有烧肉条、炒辣豆等大众菜。另外，奶汤鲍鱼菜花更加鲜美，令人叫绝，鲁菜同行无出其右。

在登瀛楼，从经理到服务员对待顾客的态度皆可谓无微不至。比如教育家张伯苓吃饭口味重，书法家华世奎口味淡，以及一些熟客用餐速度的快慢等，他们都能做到心中有数，服务周到。同时，厨师们还根据顾客的喜好，在津首创了指定菜的办法。张志潭（曾任北洋内务总长、交通总长）喜食的醋椒鱼，华世奎想尝的拌庭菜等。其实登瀛楼此前并没有这些菜品，但他们均设法根据顾客的需求来研究烹制。再有，如果客人临时想吃一些店中不具备的小吃，经理也会安排服务员到附近去买。

具体一说。张志潭特别喜欢鲁菜，来到天津后便成为登瀛楼饭庄的座上宾。登瀛楼后来得知张志潭的书法精湛，便请他来题写匾额。源于对鲁菜的感情，张志潭很爽快地答应了，唯一的要求便是将招待他的那桌酒席菜品的烹饪技法，原封不动地传授给他的三夫人，因为他的三夫人也很喜欢厨艺。张志潭与登瀛楼结下了情谊，有一次特别将他以前在清宫中吃过的醋椒鱼的做法教给厨师，使之成为了鲁菜与登瀛楼的招牌菜之一。

另外，曾任北洋政府副总统、代理大总统的直系军阀冯国璋下野后也来到天津，他见多识广，在其推荐并指导下，用北方很少采用的南国醪糟做配料的糟蒸鸭也成为登瀛楼的名菜。1931年，张学良的弟弟张学铭在津任市长，他自幼喜欢美食，来到天津居住后把最漂亮的房间当作饭厅待客。张学铭在登瀛楼还推出过著名的帅府宴，菜单就是由他亲手制定的。

登瀛楼的菜单

老天津人重礼仪讲面子，举凡大席宴客常要提前专门给宾客送上请柬，以示郑重与诚意。例如一张浅粉色的登瀛楼请柬，内页印"谨于公历×月×日×午×时×××恭候×××光临，谨订，席设南市登瀛楼饭庄"。请柬上标注的地址为南市东兴大街，电话为二局三五四八号。这一地址是登瀛楼于1924年自华楼迁来的，华楼旧店曾因1920年失火停业。请柬文字左下角是金黄色的喜鹊登梅吉祥图，为页面平添了活泼效果。封面如信札样，浅印竹石图衬底，大红字写"呈×××台启"，小字标"×××缄"字样，非常端正规范。

笔者另见红色字样的《登瀛楼菜品价目表》一张，列美味佳肴130多种。冷荤类有拌肚丝、拌三丝、五香鱼、油王瓜皮（黄瓜皮）、熏小鸡、腊肉、盖碗冷荤等。鱼类有醋椒鲤鱼、二吃鱼、红烧（比）目鱼、清蒸快鱼（鲙鱼）、干烧黄鱼等。炒菜类有烧四宝、炸三样、全爆、烩乌鱼蛋、炒虾仁、焖对虾、汤爆双脆、烩银丝乱蒜（今肚丝乱蒜）、炖香菇全样等。饭菜类有红扒鸭子、红烧海参、全家福、山东菜、南烧肉、元宝肉、砂锅豆腐、砂锅鸭掌、虾子面筋、熘黄菜、蒸蛋糕（蛋羹）等。饭菜类有烤鸭子、炸脂盖（肥瘦羊肉）、摊黄菜（鸡蛋）、炒禾（合）菜、软炸大虾、炒金银丝、软炸里脊、烧大肠等。甜菜类有冰糖莲子、八宝饭、

登瀛楼菜单

杏仁豆腐、炸香蕉、糖熘三仙（鲜）等。面食类有荷叶饼、大包子、焖丁（门丁）、麦皮（面皮）、鸡丝面、高汤面、蒸饺、煮饺、三仙（鲜）炒饭、高汤卧果（津俗称，水中卧鸡蛋）等。菜单最后还列出酒水小吃，如白干酒、老酒、绍兴酒、（五）加皮酒、啤酒、汽水、瓜子、青梅糖等。

此菜单右侧有言"鱼虾及季节性菜类随时价"。小有遗憾的是，故纸上并未标注具体地址，是南市老号遗存，还是后来登瀛楼北号、南号的？

登瀛楼生意火爆，大获其利，1931年又在法租界四号路（葛公使路，后滨江道，张自忠路至大沽北路一段）的路北开设了分号，俗称北号。北号的电话增至两部，方便主顾联络。一张《登瀛楼北号时菜表》为黑色字样的，其上显示美食多达170多种，真是琳琅满目。冷荤类有糟鸭片、拌鲍鱼、白酱鸡、蜜汁火腿、酱油肉、虾子芹菜、拌鸭掌、油焖笋等。应时大菜有扒熊掌、扒大乌参、清汤官燕、芙蓉燕菜、扒净鱼翅、扒广肚（肚仁儿）、清蒸鸭子、香酥鸭子、烤鸭子、锅烧鸭子、黄焖鸭方（块）、西湖鱼、五柳鱼、煎糟鱼等。应时小菜有清炒虾仁、扒鲍鱼香菇、炸板虾、盐炮散旦（今芫爆散丹）、九转大肠豆腐、琥珀鸽蛋、糟熘三白

（鸡脯肉、鳜鱼肉、鲜笋尖）、炒鳝鱼片、锅塌鱼、高力虾仁（高力即今高丽糊，又称发蛋糊、雪衣糊、蛋泡糊）、酱炮（爆）鸡丁等。应时汤菜有川（氽）竹荪、川（氽）青蛤、奶汤鲍鱼菜花、熘虾米、熘全蟹、熘南北、红烧大肠、红烧干贝、赛螃蟹、三仙（鲜）海参、翡翠羹等。此外还有各式点心，比如核桃酪、菠萝汤圆、无锡饭、炸春卷、炸元宵、各式饺子、各种馅饼、什锦门丁、清油饼、鲍鱼汤面、关东面、馄饨、炒伊夫面（伊府面）、疙瘩汤等。登瀛楼北号"菜目繁多，不及备载"，其中一些菜看现下已不常见了，的确让人遐想馋涎。

对比来看，这张北号的菜单比上述红色字样的，不仅在菜品上增加了几十种，在菜品分类方面也不尽相同。

登瀛楼北号不仅菜品一流，在经营规模、装修档次、管理模式、服务标准上也是屈指可数的。北号的牌匾由张志潭题写，店中的抱柱匾"满汉全席，南北大菜；包办酒席，应时小卖"是溥仪的老师陈宝琛题写的。进门厅可见奇花异草，营造着幽雅氛围，雅间内全部是硬木桌椅，墙上还挂着名人字画，彰显富贵气息。再说美食需美器，登瀛楼的餐具大多从景德镇专门定制，仿前清"万寿无疆"器皿样式，同时配有洋式银盘、银叉、银勺，这让达官显贵、富绅商贾、社会名流们备觉如意。笔者在登瀛楼见过该号遗存的老银盘等，光泽依旧，其上字迹清清楚楚。

老天津素有"上边"与"下边"一说。昔日老城里地势高，为上；沿海河开辟有多国租界，地势低，为下。那时候人们到法租界劝业场一带游玩，习惯说去"下边"逛逛。缘此，登瀛楼南市老号俗称上号，法租界北号为下号。

登瀛楼趁势而上，1932年又在北号马路对面开办了登瀛楼南号。笔者见其礼券一张，为红绿黑三色印刷，顶端大字印"京都登瀛楼雅座"字样，紧随的地址为"开设法租界四号路坐南，本支店对过"，同时列出两行电话号码（与北号局同号不同）。居中竖排黑色大字"凭票取鸭翅席一桌"，下衬"登瀛楼雅座"五个红色篆书美术字。右下角小字称："菜疏（蔬）果品随时预备，不退钱，不改票。"这张礼券是由老天津知名的华中印刷局印制的。笔者专题关注过老商号的礼券，防伪造是至关重要的事。登瀛楼礼券的四边框设计了繁复花样，类似旧币的边饰，券上且有"×字第×号"字样，与店内存根应该是一致的。登瀛楼南号比对面的北号更上档次，专门接待高级宾客，每天灯火辉煌，门庭若市，座席常早被订满，后来者只能馋涎欲滴。

至20世纪30年代中期，登瀛楼积累了雄厚资本，进入全盛期，信誉卓著。2018年10月19日《烟台晚报》刊有《悦宾楼来信》一文，通过老信札简要回顾了福山帮厨师在津的往事。这封信是1949年7月18日由"天津悦宾楼王寄"，自"赤峰道邮亭"发出，收方信息写"胶东福山县西高疃集邮政局费神交兰（栾）家村×××启"。文章中表述，登瀛楼"1939年又在法租界山东路开设悦宾楼新号"。至此，登瀛楼已达四家门店，员工有400多人。1944年末的统计数据显示，登瀛楼一家的销售额约占全天津同行业总额的四成左右，实乃鹤立鸡群。

新中国成立后的1955年左右，登瀛楼被收归国有，不久随着市场格局调整，其各号合并，只保留北号一家。"文革"时期，因登瀛楼以前多为富人服务，所以被归为"四旧"之列，更名为井冈山食堂，改做大众吃食，传统风味特点销声匿迹。时至1972年，登瀛楼恢复老字号名称，成为涉外定点餐馆，一些经典佳肴逐渐得到恢复。

川鲁饭庄

在老天津中山路与地纬路交口，有一家在津门几乎家喻户晓的饭店。这里的美食九转大肠、山东海参、烩乌鱼蛋、酱爆鸡丁、麻婆豆腐、大蒜鲤鱼等皆为"卫嘴子"百吃不厌的名菜，而且至今仍在咂摸滋味。这便是天津鲁菜的代表一派——川鲁饭庄。

1936年之前，此地原为玉华泰川菜馆，由于经营不善，濒临倒闭。天津致美斋的二堂头（副手领班）、山东蓬莱人徐汝模集资将菜馆收购，易名川鲁饭庄。

菜品优劣是饭庄经营成败的关键，徐汝模高薪挽留原饭庄的川菜厨师肖某，由他继续掌勺。徐汝模的同乡姜云鹏也是得力干将，他精于鲁菜，共同撑起川鲁饭庄。饭庄集鲁菜、川菜美味于一身的特色凸显。餐饮行当，素来注重门派与菜系，而能将两大菜系集于一宴的经营路数，在当年的天津码头是史无前例的，徐汝模标新立异之举，迅速引起食客关注。

川鲁饭庄"四梁八柱"的班底齐整，饭庄堂头由董吾臣担任，他与姜云鹏皆有小股参与经营，更利于饭庄的经营。墩上的、面案的、管账的等皆由徐汝模外招而来，摒弃了一般同行经常使用"三爷"亲属的做法，管理理念胜出一筹。

在五方杂处、美食荟萃的天津卫，素不缺乏美食家，"卫嘴子"不好伺候。

创业伊始，川鲁饭庄便将菜品质量与风味放到了首位。每日所需原材料均由掌柜的亲自带人到市场上采办，青菜选择鲜嫩且价格适中的品种，既保证口味，又兼顾大众接受程度。鸡鸭鱼等也要求厨师自己"宰生"，保证卫生。川鲁饭庄的菜品烹制也秉承传统，主料、配菜、俏头搭配合理，绝不投机取巧。烹调尤其精细，并注重创新。特别是饭庄的鲁菜，风味独特，很快就赢得了食客口碑。

一年后，徐汝模羽翼逐渐丰满，他挤掉了最初与其合资的晋商，独揽经营大权。灶上的小厨师也逐渐从大厨师那里学到了本事，原来高薪聘请的厨师陆续离岗，省下了不少开支。

尽管高朋满座，可徐汝模依旧对业务管理放心不下。他住在饭庄后身地纬路的胡同内。清晨，他给伙计们叫早；晚间，他送走最后一拨儿客人并上了门板才回家。店员如若违反铺规，徐汝模绝不姑息迁就。苛刻的管理为饭庄的持续发展提供了有效保障。

川鲁饭庄在1939年的大水患中迎来了新机遇。当时，英法租界和南市一带汪洋一片，知名饭店要么关张，要么倒闭，而川鲁饭庄所在的河北地面儿，因地势较高幸免于难。饭庄借机吸纳了原泰华楼、泰丰楼的名厨。有些食客到某一处就餐，在很大成分上是奔着某一厨师的手艺去的。川鲁饭庄就像磁铁，水还没退，生活在租界的阔佬们就坐着木船前来设宴。

川鲁饭庄地道的鲁菜逐渐著称于津门。其菜品兼容了福山派（包括胶东、青岛在内）、济南派（包括德州、泰安在内）、孔府派等不同菜系的精华，既有各种地方菜和风味小吃，也有典雅华贵的大菜。川鲁饭庄的烹调，以爆、扒、拔丝等见长。尤其是爆，又分为油爆、盐爆、酱爆、芫爆、葱爆、汤爆、水爆、宫保、爆炒等。爆菜非常注重火候的把握，这也应了"食在中国，火在山东"的说法。

山东特产大葱，所以鲁菜的多数菜肴要用葱姜蒜来增香提味。炒、熘、爆、扒、烧等方法都要用葱，尤其是葱烧类的菜，更以浓郁的葱香著称，如葱烧海参、葱烧蹄筋等。另如烤鸭、烤乳猪、锅烧肘子、大蒜鲤鱼等也需以葱段为作料提味。

锅塌技法也是鲁菜独有的烹调方法，其主料要事先用调料腌渍入味或夹入馅心，再沾粉或挂糊，然后两面塌煎至金黄色。菜品放入调料或清汤，以慢火收尽汤汁，汤汁浸入主料，鲜美异常。川鲁饭庄的锅塌豆腐、锅塌菠菜等皆为食客津津乐道的传统名菜。

川鲁饭庄烹制海鲜也有独到之处，海参、鱼翅、燕窝、贝类、虾、蟹等，经厨师妙手烹制都可成为佳肴。比如，运用多种刀工处理和用不同技法烹制比目鱼（偏口鱼），色、香、味、形各具特色，烹调的百般变化集于一鱼。川鲁饭庄的油爆双花、红烧海螺、蟹黄鱼翅、扒原壳鲍鱼、绣球干贝、芙蓉干贝、烧海参、烤大虾、炸蛎黄、清蒸加吉鱼等海鲜名菜，都是独具特色的珍品名吃，无不催人食欲。

俗话说：厨师的汤，唱戏的腔。鲁菜以汤为百鲜之源，川鲁饭庄也讲究制汤、用汤。清汤色清而鲜，奶汤色白而醇。比如，燕窝、鱼翅、海参、干鲍、鱼皮、鱼骨等高档原料，质优味寡，必用高汤提鲜。川鲁饭庄用清汤、奶汤烹制的菜品多达几十种，突出汤的滋味，如清汤柳叶燕窝、清汤全家福、奶汤蒲菜、奶汤八宝布袋鸡、汤爆双脆等，常被列为高档宴席的珍馔，清鲜淡雅。

以盐提鲜，以汤壮鲜，调味纯正，口味偏于咸鲜，如此打造了川鲁菜品鲜、嫩、香、脆的特点。

川鲁饭庄的招牌菜叫"九转大肠"。传说，这道菜最早出现在清光绪年间。厨师将猪大肠洗净后，加香料用开水煮至酥软取出，然后切成段，加酱油、糖、香料等，慢慢烹制成又香又肥的红烧大肠。有文人墨客品尝后认为，这样精细的制作好似道家九炼金丹一般，遂取名"九转大肠"。川鲁饭庄在这道名菜的制作上有所改进，是将煮熟后的大肠下油锅炸，然后再烹制，鲜美不腻。

1949年1月天津解放时，川鲁饭庄意外失火，损失惨重。徐汝模并不气馁，率领一干人马重整旗鼓，削去原有的二层楼，改建为平房，重新开业。徐汝模病故后，姜云鹏继任掌柜。川鲁饭庄后来沦落为菜品大锅熬、滋味一个样的大食堂。

改革开放后，川鲁饭庄逐渐恢复了山东、四川风味菜品。1983年，川鲁饭庄实现扩建，新楼主体五层，局部七层，总建筑面积达5000多平方米，同时更名为川鲁饭店，全国政协副主席许德珩题写新匾。

新店紧跟市场需求，恢复了老川鲁风味传统菜品以及果木烤鸭等，创制出"冰山雪莲""霸王别姬"等各色时尚美味，恢复了老少皆宜的鸭油包、银丝卷、什大酥等小吃点心。但见，中山路、

川鲁饭店的故纸

地纬路饭店门前，车水马龙，终日喧嚣，节假日订座包桌者络绎不绝。

川鲁饭店相继涌现出姜云鹏、李魁元、丁建三、张维发、姜百明等名厨。1985年，川鲁饭店的蟠桃如意虾、家常海参、番茄凤尾虾、大蒜鱼、凤还巢、二龙戏珠、冰山雪莲、橘子虾饼等菜品，在天津市烹调名菜评比展销活动中榜上有名。1992年，川鲁饭店特级厨师制作的金钱鲍等菜品荣获上海国际烹饪大赛金奖。

1993年后，川鲁饭店扩建为集餐饮、住宿、娱乐、商务为一体的酒店，形成主体七层，局部八层，总建筑面积达7200多平方米的新厦。新店一楼设有中式大餐厅，经营川鲁风味炒菜、火锅及套餐。二楼的大宴会厅和喜寿宴堂，经营川、鲁、粤、京、津风味名菜。三楼开设不同情调的雅间，适应中高档消费群体。

再后来，经营理念的推陈出新和餐饮业格局的重新洗牌，生生把川鲁饭店丢在了风里。曾把佳肴香味飘散得满世界都是的川鲁饭店，如今已改弦更张好几年了，可人们仍时常在记忆里咀嚼川鲁美味，在回味中饱此口福。

全聚德·正阳春

全聚德菜谱

众所周知，历史悠久的北京烤鸭，特别是全聚德烤鸭堪称国食精粹。其实，全聚德的杨氏兄弟早在清宣统元年（1909年）就已经在天津创办分号了。

清末的天津已经成为北京的后花园，发展势头迅猛，杨瑞堂选址南市荣吉大街东段南侧开办了京都全聚德，当时的三层楼面千余平方米的建筑面积可谓天津较大规模的饭店了。全聚德以经营挂炉烤鸭和鲁菜为主，驰誉津门。

全聚德烤鸭特点突出，原料为优质北京填鸭，肉质细嫩，脂肪层厚，特别是春季、秋季、冬季的鸭子更适宜制作烤鸭。加工中从宰杀、烫毛、吹气、洗膛、烫皮、打糖再晾皮等前期工序，到后来的灌水、入炉、燎裆、转体、出炉等，每道工序都有名厨把关，其中的诀窍不为外人所知。全聚德烤鸭是挂炉烤制，烤鸭用枣木、梨木等果木为燃料，要求果木木质坚硬，燃烧无烟，这样烤制时的香味容易渗透到鸭子中。新出炉的烤鸭形态丰盈饱满，通身红润油光，散发着果木的清香，引人食欲。

美味烤鸭一半在烤，一半在片。烤鸭现片现吃，皮酥肉嫩，鲜美异常。片鸭的方法可分为杏仁片、柳叶条和皮肉分离等手法。片好的鸭肉薄而不碎，裹在荷叶饼里吃。全聚德的荷叶饼不糊也不生，薄厚均匀，光照透明。全聚德烤鸭的配料有多种口味，最经典的是全聚德专用甜面酱配葱丝、黄瓜条、青萝卜条，后来又推出了蒜泥、酱油，以及白砂糖、鲜辣椒圈、蒜片、芥茉汁等相佐小料。食罢烤鸭，还可以品尝一碗鲜香浓郁的鸭架汤。

天津全聚德的全鸭席也非常著名，加上山珍海味，精心烹制，堪称大观。全鸭席的主要菜品大致有：（凉菜）芥末鸭掌、卤水鸭胗、盐水鸭肝；（炒菜）酱爆鸭丁、葱爆鸭片、葱爆鸭心、糟熘鸭三白、芝麻鸭肝、鸭丝烹掐菜；（烩菜）烩鸭四宝、烩鸭舌、烩全鸭、烩鸭丁腐皮等。主食有鸭油包、鸭油蛋羹等。

说到天津烤鸭，更值得一提的是毛泽东主席在1958年视察并就餐过的正阳春鸭子楼。正阳春创办于1935年，毗邻热闹繁华的劝业场，因正门朝阳而取名。多少年来，正阳春的挂炉烤鸭以色泽枣红、外焦里嫩、香酥可口、肥而不腻著称于世，可谓天下难得的美食。

刘贵山开办正阳春伊始就很好地借鉴了北京烤鸭的特色，从北京引进优良的填鸭，在老天津城南的天然湖中喂养，并不断培养出体大肉嫩皮薄的上等鸭子，专供烤鸭选用。制作时讲究净膛晾干，然后膛内灌开水，以利烤制时外烤内煮。正阳春烤鸭恪守传统，选用枣木或者果木烤制，确保风味独特。如此，正阳春每天座无虚席，生意兴隆。

1958年8月13日，毛泽东主席来天津视察工作，中午时分莅临正阳春鸭子楼（今天津烤鸭店）就餐。毛主席一进门就连称这里是好字号。毛主席还亲自走进店内的操作间，不顾天气炎热和油烟熏烤，面对面地同厨师们亲切交谈，仔细询问员工们工作、工资、日常生活情况，并勉励大家"好好为人民服务"。主席在吃饭的过程中起身活动路过窗口时，正巧被对面楼上一位正在晾衣服的市民看到了，无比激动的心情让她脱口喊出了"毛主席！毛主席万岁！"刹那间，整个天津城都沸腾了，人如潮水从四面八方涌来，正阳春一带楼下欢声雷动，毛主席先后数次打开窗子向群众挥手致意……

从此，正阳春烤鸭店便与"八一三"紧密联系在一起，"文革"期间一度更名为八一三食堂。正阳春人始终牢记毛主席的教导，坚守着天津烤鸭的独特风味，并不断发展，后来又推出鸭油包、正阳烧鸡等名吃。

津城也有淮扬菜

玉华台饭庄是老天津第一家正宗的淮扬菜馆，也是黄家花园的代表性老字号。玉华台创办于1943年8月，创始人是来自江苏淮安的马少云（玉林）。

玉华台的得名有一段故事。相传隋炀帝南巡时在扬州兴建了一处名叫"迷楼"的行宫，宫中有座十二重台阁，玉华台便是其中之一，闻名于世。

其实，玉华台最初在北平，是1921年初创办，地点在王府井八面槽锡拉胡同。梁实秋《雅舍谈吃》中有一篇《核桃酪》，文曰："有一年，先君带我们一家人到玉华台午饭。满满的一桌，祖孙三代。所有的拿手菜都吃过了，最后是一大钵核桃酪，色香味俱佳，大家叫绝。"说起来，这核桃酪甜汤最初是周大文（1931年至1933年任北平市市长）从收藏家关伯衡家里学来的，经过改良后传给了玉华台饭庄，成为特色名吃。言及周大文，他出生于天津（1896年），其人爱厨艺，且善于厨艺理念的研究，年轻时与张学良等好兄弟曾吃遍京津中西大餐，所以与天津很多名厨和饭店都有交往。马少云与周大文就是朋友，得到周氏的不少真传。

马少云见天津城市繁华，码头熙攘，南方的客商也是来往不断，可当时天津还没有淮扬菜馆，于是选址在法租界四号路（今滨江道）福厚里6号开设了玉华台饭庄。饭庄紧邻大明电影院（后工人剧场）与海河码头，自然不愁食客。饭庄专设雅座包厢，服务皆按淮扬菜馆的习俗来招待客人。另外，玉华台特别在饭桌上装置了进口"西门子"转台，人们取食夹菜非常方便，这在当年甚属新鲜时髦。

淮扬菜久负盛名，其选料严格，烹调精细，造型美观，讲究汤口，口味清鲜，淡而不薄，咸甜适中，南北皆宜。另外，有些菜品又有"酥烂脱骨不失其形，滑嫩爽脆不失其味"的特点。在马少云主持下，天津玉华台很好地承袭了这些特色，名菜有原汁鱼翅、清炖蟹黄狮子头、拆烩鲢鱼头、镇江肴肉、煮干丝等。玉华台更擅长烹制鳝鱼菜，多达上百种花样，如炒鳝鱼糊、炒鳝鱼丝、炒软兜带粉、大烧马鞍鳝、炝虎尾、炒生敲鳝鱼等，也无不受到食客欢迎。再有，玉华台的面点特色突出，淮扬汤包、咖喱饺、蟹壳黄、萝卜丝饼、核桃酥、黑芝麻糊等让人百吃不厌。1945年马少云因故离开玉华台，饭庄转由他人经营，后来时间不长便歇业了。

1959年，为了发展经济繁荣市场，天津市市长李耕涛主张恢复各菜系的名特餐馆，玉华台随即在南市东兴街华楼重新开业，李市长还亲笔题写了匾额。1964年，玉华台迁到位于山西路（黄家花园）的一座二层小楼再度纳客。缘于这一带南方人较多，饭店开业后生意更加红火。1981年玉华台更名为聚华楼饭庄，1982年在王光英同志提议下，玉华台老字号及传统淮扬菜得以恢复。

宾至如归的感觉

老天津的讲究人外出就餐看重饭店环境，"八大成""九大楼"、十大饭庄或有些档次的酒席处对环境的营造可谓殚精竭虑，因为常来常往的食客不是达官显贵就是遗老遗少，不是文人墨客就是洋行买办。

有的老字号饭店的门前、庭院、屋内摆放名贵花木，四季常绿。厅堂与雅间里的名人字画必不可少，或山水悠远，或花鸟别致，或真草隶篆，无不营造出清雅氛围。古典硬木家具也不厌其精，成龙配套。到了暑热季节，有的饭庄又换上了南式藤椅，想尽办法让食客舒服满意。旧时大饭庄常有专人管理家具陈设，勤擦拭、保养。

美食需美器。关于餐具，财力雄厚的饭店将此视为脸面好坏与品位档次的重要细节，讲究用景德镇薄胎细瓷，"百子图""福禄寿喜""八仙过海"等各种成套器皿一应俱全，同时还要准备象牙筷子、银勺、银碟、景泰蓝烟具等，考究至极。

客人进门，饭庄的堂头笑脸迎接并引路，先礼让到茶台小憩，递过热毛巾，沏上茶，敬好烟，再上干鲜果给顾客品尝。宴席开始，上热菜前先上四样甜品，俗称"开口甜"，稍后端上茶水让客人漱口，然后才开正经大菜。吃完饭上小馒头供客人擦嘴用，再递热毛巾、牙签和漱口水，同时再请宾主到茶台品茶聊天，一并

1942年天津鲁菜饭庄蓬莱春内景。当时有人正在办婚宴，主家迎客到来

送些槟榔、豆蔻等。另外，客人吃剩的饭菜按规矩由饭庄派伙计为主家送回，俗称"送回头菜"。大饭店的细致服务有始有终，自然生意盈门，日进斗金。

20世纪20年代的天津市井繁荣，餐饮业竞争加剧，各饭店在经营上广开门路，周到服务，想顾客所想，一些饭店从燕窝鱼翅到素炒白菜样样俱全，按当时的说法叫绝不能让顾客空着肚子离开。比如，有人想喝一碗稀饭，即使饭店没准备，也会悄悄让伙计赶紧到街上买来，还得外送一碟香油拌的咸菜，让人感觉很贴心。

吃主儿如同财神爷，老买卖人乐于听取顾客意见，以便创新改进菜品。比如，登瀛楼的烤鲤鱼、铁锅烤蛋等就是采纳普通顾客的建议而推出的。有的经理不时带着堂头、灶头以普通百姓的身份到同行饭店暗访明吃，甚至委托自家的熟客到其他店索取菜单，参照改进自家菜品。比如山东馆的扒鱼翅原为浇汁，后来学习了津菜馆在炒勺里挂汁的技法，从而使色香味形达到了最佳。津菜、鲁菜也向南方菜学习，比如宫保鸡丁、烧肉、松鼠鱼等菜品，从原来单调的葱蒜味发展到甜咸酸辣等复合滋味，满足了人们不断提升的口味需求。

代客送礼与送外卖

在老天津，亲朋好友礼尚往来送得最多的大致是糕点，正所谓"送礼就送点心匣，亲是咱两家"。从前的老派儿大点心庄、绸缎庄常有代客送礼服务，就是派伙计挑圆笼送到受赠一方府上，顾客倍儿体面。

旧俗，名门大户或稍讲究点儿的人家相互走动，一般礼先至，人不见得亲自到场。假如，王先生到点心庄选好糕点，随即写名帖（专用活页彩纸，类似名片）、礼单，其上注明某某送、礼品明细、送到哪里等，然后放心交给店家即可。漆成红褐色油光锃亮的一两副大圆笼挑子摆在店堂一角，每笼各三四层（屉），前后一担能装六样、八样礼。津人俗信好事成双、四平八稳的吉意，选点心样数也很少买单儿。但各层不见得非装满点心，空闲的层屉也可顺便装顾客从别处买的喜寿面条（切面）、花色面食、新鲜水果等。约好何时送，顾客家有时会打发孩子或佣人随代送的伙计一起去。

代客送礼用的圆笼，有的店铺会收少许租

精工细制的送餐提盒

金，有的不收，纯为揽主顾促生意。那伙计的脚力（跑腿儿钱）呢，多数商家除了为他们置办一套干净像样的衣裳之外，日常并不付他们工钱，其辛苦费约定俗成由收礼方付。收方见到礼品、礼单，按规矩要回一纸名帖，回执上写明已妥收，深表谢忱，同时需把小费给伙计，且在帖子一角标注钱数。另外，送礼方若有随行，收礼者也要象征性给点儿喜钱、茶水钱。伙计将回执交与店里，有的店家要分成少许脚力钱，有的分文不取。后来有鉴于此，一些收礼方索性不在回执上写脚力钱数，算心疼伙计，也方便他们有个回旋余地。

不仅如此，老天津也有送餐的。快到饭点儿时，常见街面上有小伙计或挎或挑大提盒，一边喊着"借光，借光嘞，劳驾，劳驾您"，一边穿行在人群中往主顾家送饭。他们走起来快中求稳，香汁汤水是不能漏的。

旧年，天津大胡同归贾胡同口有家知名的慧罗春饭庄，较好地承袭了鲁菜风味。20世纪三四十年代他家的外卖盒菜曾名噪一时。慧罗春盒菜分高低两种，贵的盒菜中有小炖肉、红烧鸡块、铁雀等佳肴。值得一提的是，装盒菜所用精致纸盒，内衬防油纸，外配玻璃纸，包装严密。最外面还有红白两色相间的包装纸，其上印慧罗春简介，权为广告。如此"装扮"的盒菜适宜馈赠亲友，不失体面。好酒也怕巷子深，慧罗春又不断在广播电台广播盒菜广告，使之更加传名，甚至远销华北各地。

天津人爱吃银丝卷。老登瀛楼的银丝卷用老肥发面，内中银丝（细面条）出条后会刷清油、香油，定型后再包面皮，接下来还需二次醒发，然后再蒸。那银丝卷松软香甜，深受食客欢迎。早在30年代中期，登瀛楼在南市复业后就开设了外卖窗口，售卖银丝卷、馒头、小菜等，引来了络绎不绝的食客。

老酒香飘四海

义聚永的五加皮酒、玫瑰露酒是老天津名产，也是今日天津非物质文化遗产的重要代表。细说起来，五加皮是五加科落叶小灌木细柱五加以及无梗五加干燥的根皮，又叫白刺、目骨、追风使等，主产于湖北、河南、安徽、四川等地，其中以湖北的"南五加皮"品质最优。作为一种中药，五加皮具有祛风湿、补肝肾、强筋骨的功效，早在《本草纲目》中就有相关的记载。用五加皮煎汤、入药、浸酒皆宜，长久以来它享有"色如榴花重，香兼芝兰浓，甘醇醉李白"的美誉。

酿酒业在天津有着悠久的历史。明代诗言："天妃庙对直沽开，津鼓连船柳下催。酾酒未终舟子报，桅楼黄蝶早飞来。"诗中大意说，在天妃庙对面的大直沽，柳树下的河边挤满了漕船，还没等到新酒滤（酿）好就有黄色蝴蝶飞来，船家认为这是神仙闻到酒香也来吃酒了。由此可见，大直沽酿酒业至迟在明代已经出现并发展，这与天津设卫筑城、直沽村落的始建时间也是相吻合的。清康熙末年海禁解除以后，天津与营口、牛庄的海上贸易大增，以高粱为主的东北优质粮食源源不断地进入天津，加之大直沽一带良好的自然环境，烧锅酿酒业便在此有了更加兴盛的发展。鼎盛时期的天津烧锅达70余家，其中大直沽有名号的烧锅就占到了三分之二左右。

五加皮酒远销四海

　　大直沽酒以高粱烧酒著称，清嘉庆年间诗人崔旭便称："名酒同称大直沽，香如琥珀白如酥。"清末的烧锅作坊以义聚永、义丰永、同聚永、广聚永等尤其闻名。此外，在北来的闽粤客商的建议下，针对南洋华侨抵御风湿的需要，大直沽酒坊又创制出著名的五加皮酒、玫瑰露酒、状元红酒等，出口量巨大。

　　据老辈酿酒专家介绍，五加皮酒选用五加皮等近20味验方中药，在上好的高粱酒中浸泡数月至一年的时间后，配制时还要加上栀子（酒浸）、红曲、糖浆、玉竹液等才可得成。玫瑰露酒则更加显现出花季般的清纯秀色。玫瑰露以2比1的比例，在老白干中投入新鲜玫瑰，泡制后经蒸馏成"母"，复用白干勾兑后适量加糖而得。其香馥足以令人垂涎，难怪曾得"色媚如梅、清香凝玉、香露四射、芳氲不绝"的美誉呢。正所谓"茵陈玫瑰五加皮，酒性都从药性移"。

　　始创于光绪初年的义聚永酒坊，在当家人刘鑫的主持下，不断改进工艺，酿造的玫瑰露、五加皮、高粱酒等口味独特，香气醇正，声名远播。

据《义聚永大事纪要》载："1880年前后，在大直沽始创义聚永烧锅，义聚永当家人刘鑫酿制出新一代玫瑰露、五加皮和高粱酒，使义聚永烧锅从此声名大振。"但好景不长，光绪二十六年（1900年）八国联军火烧大直沽，包括义聚永在内的10多家酒厂遭受重创，大直沽酿酒业元气大伤。

进入民国时期，大直沽的酿酒业重新得以发展。1920年左右，刘鑫的长子刘桂森（香久）继任义聚永经理，他再次对五加皮、玫瑰露进行了技术改造，并增加新品种，形成了独特的风格。20年代末30年代初，刘桂森还亲自奔赴上海、汕头、广东以及东南亚各地，打开了销售渠道。1927年，义聚永在南洋注册金星牌商标，行销南洋市场；1931年，义聚永在香港注册金星牌商标，并将酒出口到世界各地。欧美人无不为这"中国白兰地"而倾醉。

在后来的出口贸易中，义聚永等老字号不忍中间商的挟控，在港澳、南洋自行驻庄经销，香港永利威酒行即是其中一家名店，颇具影响。

津酒的远销带动了香港酒业经营的发展，据笔者收藏的故纸上的信息可知，早年香港永利威酒行曾在天津设有分号，进而形成南北美酒的大融通。永利威酒行主营天津的五加皮、玫瑰露，同时也为津沽百姓带来了贵州茅台、绍兴花雕、江苏回笼、山西汾酒等各地名产。广东的生雪梨酒、青梅酒、绿豆烧酒、三蒸酒等民间"土酒"亦随之而来。另外，五加皮、玫瑰露、状元红的热销，自然引来了各类保健药酒、露酒的"跟风"。什么祛风三蛇酒、扶元百岁酒、参茸卫生酒、滋养宜神酒，以及莲花露、桂花露、茵陈露、菩提露、橙花露等再制酒纷纷面市津城，争奇斗艳，不一而足。

20世纪40年代，日本帝国主义的侵略与国民党政府的腐败，导致大直沽酿酒业再次衰微下来。

新中国成立后，大直沽酒业迎来新生，在 1956 年的公私合营中，义聚永、义丰永、同聚永、广聚永、裕庆永、永丰玉、裕丰永等酒厂合并到中国粮油食品进出口公司天津分公司（天津食品进出口股份有限公司的前身）。此后，五加皮、玫瑰露等屡获殊荣，行销海内外。

老味酱油驰誉南北

酱油乃民生必需，一日三餐离不了。酱油源自古老的酱，酱油的出现自秦汉以来约有二千年的历史，东汉《四民月令》中说："正月作诸酱……至六七月之交……可作鱼酱、肉酱、清酱。"到了清代，《顺天府志》中的《食货志》里也有"清酱即酱油"的记载。

老天津的酱油生产为传统的作坊式制造，根据酿造工艺也称为套油或双套油（用大豆坯沥下酱汁，然后再放入新豆坯重新沥一遍），其中以万康酱园、信和斋酱园、孟家酱园所产质量最佳。1927 年留学日本归国的李惠南在天津创办了宏钟酱油厂，开创了天津酱油酿造业的新局面。此后经过不断革新，宏钟酱油厂的产品以上佳的品质叩开了国际市场的大门。

上好的酱油讲究酱汁浓深味美，颜色的深浅表明品质。昔时酱园、酱坊遍布街巷，人们在那里可以随吃随买酱油、老醋、酱菜等。想熬鱼吃，让孩子带着 2 分钱拿着小碗到酱园，掌柜的会将清酱、老醋、面酱和其他作料给调配好，方便居

民生痕迹

民。普通人家的饭食简单，清酱泡米饭、开水冲酱油汤加点馃子块，也照样吃得美滋滋。串胡同卖清酱的在街筒子里吆喝："深清酱嘞——独流醋——"

随着生活的进步，零打清酱的少了，五斤装的大瓶酱油成为天津人厨房里的"重磅炸弹"。通过笔者收藏的一些故纸可知，改革开放前后，天津第三调料酿造厂（河西友谊路）出品有标准牌特号酱油，二调料（红桥三益里后街）出品有团结牌特号酱油，天津光荣酱油厂（河北刘庄后街）出品光荣牌一号酱油。自1991年前后，该厂出产红钟牌高级酱油，商标上画着红色大钟图。

广茂居的浙醋

　　天津是闻名南北的醋乡，笔者收藏有一些旧年的各种醋的标签，什么高醋、米醋、宴醋、熏醋、姜汁醋、蒜汁醋、醋蛋液等应有尽有，其中还有经典的长城牌浙醋。浙醋乃津地传统出口调料，红色故纸上为中英文双语，还特别标明"天津特产"字样。一般人或许以为它是浙江产，非也，其中故事需慢慢道来。

　　说起浙醋，首需提及它的发祥处老天津的广茂居酒店（兼酱园作坊）。据老仿单上的信息可知，广茂居"创设于乾隆初年"，自产自销药酒、露酒、醋、五香冬菜等，东家姓王（有旧津西关望族一说，有葛沽人一说）。广茂居相继在东门外、大直沽、小树林等地设铺面、作坊。笔者曾见一清末广茂居黑瓷酒瓶，背贴标签上写："本店自造上等药酒……老醋、豆豉、酱油、冬菜，一应俱全……开设天津府东门外东新街口坐南朝北便是。"东新街在哪？它成街于咸丰四年（1854年），位于娘娘宫南大街东侧，北起袜子胡同，南至水阁大街，1983年更名为多吉胡同。广茂居即位于该街中段石头门槛处。最初，广茂居在此购房舍十间，因所酿造白干酒等非常畅销，于道光初年扩建作坊，增加雇工，已具规模。

　　广茂居的香醋严选高粱、谷子、黍子、盐、麦芽糖等，醋坯用优质大曲进行糖化、酒化、醋化，入缸后苫盖好，照晒阳光，定期翻捣，历经"三伏"才能淋醋、灌装。这里的"三伏"指三年伏天，即醋坯要经三年寒暑，如此方可去涩增香。广茂居的三伏老醋色如琥珀，醋汁澄清，醋酸柔和，味道浓郁，很快在市场崭露头角。

其实，浙醋本称淅醋，"淅"的本意是淘米，以水洗米，《说文》称"汰米也"。淅醋的"淅"，一表示用水淘洗醋坯五谷，二表现制醋时的工艺，即醋自上淅淅沥沥而下，与酿酒多有相似之处。那为什么"淅"变"浙"了呢？老年间的商品标签是木版印刷，工艺水平有限，字迹模糊在所难免。再说木版用久了也有字缺笔画的弊端。无独有偶，上述原因波及了"淅"字，该字一来二去被人们误看误读成了"浙"字。当然，其中也有"淅"相对生僻，不及"浙"字易认的因素。那时人们文化水平有限，民间误传越来越多，缘此落下了"浙醋"之名。广茂居香醋名声在外，于是只好"将错就错""随行就市"叫起了浙醋。

进入20世纪20年代，广茂居浙醋酿造工艺与品质进一步提高，酸、甜、香"三口"表现都非常优秀，自然备受家庭、餐饮业青睐。之于鸡鸭鱼肉，它特别能解腥去膻除腻增香；它酸中回甘，增食欲助消化，生拌、熟食皆宜，且富含多种人体必需的氨基酸，还有解毒、杀菌、降低胆固醇等"药食同源"的保健效果。津沽美味传千里，得天津水陆码头交通便利的优势，浙醋开始出口，畅销港澳、东南亚及欧美等地，享有中国名醋美誉，屡获嘉奖。1937年"七七事变"后广茂居遭

老天津醋的品种多

受重创而近乎停滞。后来，部分原广茂居人员接办，在小树林水梯子大街重新设作坊经营，并扩大浙醋生产，满足市场需求。

1956年公私合营后，广茂居与其他同业并入天津食品进出口公司统一管理，浙醋继续使用广茂居名号。到了1968年，鉴于当时的社会背景，浙醋改用更响亮的长城牌商标，1974年正式注册。时至今日，浙醋在海外华人区仍旧是许多传统调味品商号的招牌货，是华侨华人餐桌上离不了的甚至不可多得的佳品，知名度远高于国内及天津本地。天津浙醋酿造技艺在2019年已成为非物质文化遗产项目。

老酱园的小菜

　　说老天津的酱腌菜，大家都熟知静海的冬菜，其实还有当地的疙瘩菜，它早在20世纪二三十年代就已驰誉南北了，特别受到上海、广东食客的欢迎。

　　芥菜常见，其果实被天津人俗称为芥菜疙瘩，适合凉拌或做辣闷儿吃，更可腌咸菜。旧时一入秋，静海的作坊就忙碌起来，他们采收生长足、老嫩恰到好处的芥菜，用刀将皮削净，然后腌入大缸，要腌两个月左右再从缸里捞出。接下来需在阳光下晾晒，约十天半月待疙瘩头柔软了，又一次入缸腌制。据30年代初报载，"如此手续，第一年五次，第二年四次"，反复而成"卫嘴子"常说的老腌儿疙瘩头。这还不算成品，人工刀割疙瘩头，割成如佛手（果子）样，再添加九种香料调味，缘此得名九制佛手疙瘩头，又名佛手菜。老年间许多酱菜用专用篓子、坛子包装，佛手菜封入篓子后要闷醒数月后才可出售。

　　好滋味得来不易，据载，当时九制疙瘩头的批发价为"每百斤价洋十二三元"，行销各地。若说滋味厚与销量广，当以独流镇的亚利厂最闻名。

　　九制佛手菜也好，五香疙瘩头也罢，是天津东全居、东露居、东茂居、玉川居、天昌酱园、孟家酱园等老字号里的常备货。其中，玉川居创办于20年代初，地点在东楼（后衍生玉川居大街、

酱园门前的大葫芦幌子

玉川居后街），东家是来自宁河的张氏。玉川居酱菜选菜原料主要来自静海御河（大运河、南运河）水浇灌的鲜菜，所用甜面酱是自家产的天然酱。佛手菜、酱黄瓜、酱萝卜、酱地环、五香菜、韭菜花、春不老等皆为玉川居的特色，是上好的俏销货。另外，五香疙瘩头也是宫北大街东全居的招牌品种，早年还出口到南洋等地。

若细说老天津酱菜，东全居所制可与六必居的名吃相媲美。清光绪二十四年（1898年）出版的《津门纪略》是研究天津地方史的重要参考书，其中记载了不少老字号："东全居在毛贾伙巷，小菜。"民国年间的《天津地理买卖杂字》中也说："东全居，东露居，孟家酱园小菜余。"

祖居在东门外宫北福神街的陈家是东全居的主人，东全居专门制作的八宝酱瓜是由酱腌的去皮果仁、麒麟菜（石花菜）、细黄瓜条、切成花形的白萝卜片（有时改用切成小段的菜豆角）、地环（地葫芦）、杏仁、切成菱形的茎蓝、藕片等组成，装进长圆形的小酱瓜内用棉绳系好出售。脆口的八宝酱菜咸中有甜，色泽油亮，酱味十足。另外的酱地环、酱小黄瓜、酱小萝卜等也很受欢迎。东全居顾客盈门，过津的外地人也时常慕名前来，名闻一时。

东全居的酱菜大多采用特制的用细柳条编成的小篓来包装。小篓下方上圆收口，里外用多层毛头纸加"血料"封贴严密，待篓子晾干后可达滴水不漏的效果，利于酱菜保存。封装好的小篓口上要覆盖一张红色的仿单，仿单上"东全居"的字样格外醒目。

从故纸上解读糕点老字号

点心笺，作为糕点美食的漂亮"外衣"，作为糕点店或食品店的一纸广告，对中老年朋友来说可谓记忆犹新。点心笺约兴起于清代中叶，最初以仿单的简单形式出现，又俗称为"门票"。

天津老字号桂顺斋具有近百年的历史，是津门美食文化与糕点业的代表。桂顺斋始终注重保持传统风味，注重包装宣传，不仅让百姓享受佳味，还通过外化的塑造，给顾客带来美食在精神层面的喜乐内涵。于此，历年印行的花花绿绿的点心笺便扮演着鲜活灵动的角色，同时也真切定格了时代生活的色彩。

20世纪20年代末30年代初天津南市芦庄子街景，照片左侧便是桂顺斋的位置

在笔者收藏的百多种旧点心笺中，桂顺斋糕点店的故纸自成系列，特色显著。一纸菱形点心笺约出品于1966年、1967年间，画面简洁明快，其上虽只有红黄两色，但四射光芒中的"最高指示"与"红卫东糕点店"的名称异常醒目。此话还要从头说起。自1966年8月开始，受"破四旧"风潮影响，天津市内六区皆更改了名称，一如这纸点心笺上显示的地名那样，和平区易名为战斗区，相形之下的小小商号怎能摆脱时代洪流呢？桂顺斋改称"红卫东糕点店"。直到1968年初，市内各区成立了"革委会"以后，原区名才一一恢复。故纸上的信息明确显示，红卫东糕点店的地址为和平路145号，电话号码为25125。

《星星之火，可以燎原》是毛泽东同志的名篇，这八个字的题词墨迹或"燎原"二字在"文革"期间被广泛应用。20世纪70年代初，位于和平路345号的桂顺斋糕点店（分店）也曾称为燎原糕点店。在那段岁月中，点心笺上的花花绿绿似乎在一夜间消失了，举凡八仙人物、嫦娥奔月、花草风景等均被红色所覆盖，口号、题词、轮船、大海、光芒、厂房、麦浪、钢枪成为点心笺最典型的图画。

燎原糕点店的点心笺为8开大小，厚纸，画面中火红底色的上部是金色的向日葵，下部是两簇红牡丹簇拥的景致——蓝天白云下林立的座座厂房车间，那高耸的烟囱中升起浓烟，厂房前是一望无际的葱绿良田，可见工农形势一派大好，前景无限。画面中部是硕大的深蓝色"燎原"二字。再看那"主角"——糕点却寥寥无几，色彩清淡，点心图案只是细线条地轻轻勾勒。今天看来，毋庸置疑的是那时商品本身的意味已显得不重要，一切糕点或一纸包装或许肩负着它本身难以承载的使命与内容。值得一提的是，这张"燎原"点心笺在稍后还有一张与其画面完全相同的"姊妹版"问世，只是"燎原"二字回归为"桂顺斋"字样，下方的地址、电话字迹从前一版的手写体变成了规范的铅字排印。前后两张点心笺地址相同，电话号码也皆为33688。这张点心笺曾被某学子当作书皮纸包课本，这对于故纸生命的延续可谓幸事一桩。

时光荏苒。改革开放春风吹拂下的点心笺很快恢复了它本该拥有的多姿多彩，百花齐放的画面进一步展现着包装艺术与广告文化的作用，而这一切就凸显在桂顺斋约于1985年前后印行的点心笺上。此时，桂顺斋糕点店（地址、电话仍同红卫东糕点店）的点心笺上洋溢着喜庆的氛围，画面俨然一幅月季花写生作品，花儿盛开或含苞，娇艳欲滴，色彩浓烈。在与这张点心笺并行并用的点心盒外观还可见"中西糕点，京津风味，糖果烟酒，蜜饯食品"的字样，广告意味明确。

需要关注的是，这纸桂顺斋点心笺上已经出现了"金汤瓶"商标。另外，地址中专门在括号里注明了"芦庄子"三字。

芦庄子位于老天津南市与日租界旭街（今和平路）的交会处，此地正是桂顺斋在天津的发祥地。1924年，来自北京通县大顺斋的刘星泉在芦庄子买下门面经营清真小吃。这一年刘星泉恰得千金，名叫淑桂，高兴之余特为小店取名桂顺斋。桂顺斋以诚实守信为本，对所承袭的京味糕点的质量要求极为严格，绝不马虎，很快赢得了四方顾客的信赖。30年代初，桂顺斋还从北京请来曾经烘焙宫廷糕点的高手，加大投入，前店后厂推出了京八件儿、萨其马、蜜麻花、蜜供、麻团酥等系列糕点，逐渐形成了酥、香、松、绵、软、亮、甜的风味。历经近百年发展，桂顺斋久已成为华北地区妇孺皆知的糕点品牌。

笔者结合对天津电话发展史的研究推断，桂顺斋在1987年1月以后又印行了一张点心笺。这张点心笺为16开大小，以大红色、玫红色、淡黄色三朵月季花为主图，"桂顺斋"三字已经从老式的美术字变成了颜体书法字，广告词写"中西糕点，质高味美，前店后厂，自产自销"字样。解读这张点心笺中的其他信息可知，随着城市建设的发展，和平路145号芦庄子桂顺斋店的地址在这一时期已变更为101—105号，电话号码从5位升至6位，为225125。桂顺斋的经营也取得了长足进步，除了芦庄子老店（当时也称一分店）之外，在和平路、多伦道、开封道等街区还开办了四家分店及一家冷热饮店。上述和平路燎原糕点店成为二分店，门市未变，门牌号已从原345号调整为253号。

天津市桂顺斋糕点厂的名称出现在笔者收藏的一张大致印行于80年代末90年代初的点心笺上，它8开大小，以三样花卉为主图，画面上部为"京津糕点"大字，下端厂名后相随的电话号码为756093。根据电话史料并结合天津电话号码6位升7位时的具体情况判断，这一号码位于红桥区大胡同一带。

在落款为桂顺斋糕点厂第二经营部以及分部、约印行于90年代末的点心笺上，画面与上述那张三朵三色月季花为主图的点心笺画面大致相同，广告词调整为"京津糕点，传统风味"，电话号码已升至现今通行的8位。

近年来，桂顺斋糕点有限公司曾印行过一张具有现代时尚温馨气息的正方形点心笺，衬底图是电脑制作的朦胧的粉红色月季花，再也看不到旧有手工绘画的韵味。画面信息显示，和平路101号已成为桂顺斋商厦的地址，另有分店五处。

解读故纸，岁月留痕。纵观桂顺斋品牌旗下的张张老点心笺，图色艳丽醒目，文史信息丰富，时代特色显著，尤其是那百花竞放的画面足以让读者感受到传统广告文化的魅力，追忆出往昔生活的种种滋味。

糖果故事

水果糖9200元一斤？别惊讶，这不过是20世纪50年代初的人民币面额价罢了，大致仅相当于今下概念的0.92元吧，类似信息清晰地写在老天津大华糖果厂的故纸上。

笔者曾见一张新中国成立初期大华糖果厂的广告，实景画面挺漂亮。全图分上下两部分，上部为城乡交流繁荣景象：大华的货车跑在乡间的路上，路边是金色麦田，正在田间地头收割的农民们举起双手高呼着，欢迎大华美味的到来。蓝天衬托着"天津大华糖果厂"红色大字及"风船"商标。当时，该商标已经注册，寓意一帆风顺，生意发达。厂名旁画有各色糖果，广告语说它们"材料高尚，制法精良，香甜适口，味道特长"。此"特长"是说滋味醇厚持久。

厂名下还有"城乡贸易，物资交流"八个字，是当时鲜明的时代号召。新中

糖果厂生产忙

老年间的糖果盒子

国成立后，为解决市场陷入停顿，商业资本不足，农村谷贱伤农等问题，国家出台了一系列重大经济政策和战略措施，其中之一就是积极发展城乡物资交流。城乡交流热潮迅速掀起，打破了地区间、城乡间、行业间的封闭状态，工业和农业、城市和农村互为市场，初步形成了促进商品流通的市场格局。那么，大华厂通过何种渠道快捷实现城乡交流销售呢？说来有趣——四通八达的邮政业务。故纸左上角画着地球，地球上凸显"全国邮政局经销，天津邮局代购"字样。

广告的下半部分是大华的厂房门面图，画着工人们从厂里背出一箱一箱糖果装上红色的大汽车，恰与"交流图"呼应。又见大华二层楼宇够气派，是欧式建筑模样，地址在"二区兴隆街132号"。这里的"二区"即旧奥租界，收回后称特二区，今河北区西南部。民间故事说，兴隆街很早以前就非常热闹，其名是乾隆皇帝与刘墉给起的。老街现存，与建国道平行。

这张广告画得生动、精细，右下角有"张恒瑞"署名与钤印。广告色彩也浓艳，为天津人民印刷厂印制。

正面宣传一番，还需将糖果明细公示。大华广告纸背面有详尽表格，列几十种糖果的货号、品名、价格等。如水果糖类有香蕉糖、橘子糖、柠檬糖、菠萝糖、蜜柑糖、苹果糖、雪梨糖、红果糖、杨梅糖、甜杏糖、樱桃糖、枇杷糖、香瓜糖、杏仁糖、葡萄糖、留兰香糖、薄荷糖、仁丹糖、三色水果糖等。另一类是滋养糖，如奶油糖、口口糖、牛根糖（似今牛轧糖）、黄油球等。还有酥糖类，如婴儿酥、大虾酥，加之棒棒糖、五味亮糖等，品种确实丰富。不仅如此，大华厂还出品什锦盒糖、旅行什锦袋糖、3斤装水果糖、仁丹盒糖、仁丹袋糖等，满足顾客不同需求。

说到价格，水果糖每斤大多为当时货币9200元，仁丹糖、三色水果糖稍贵，是9400元；滋补糖中的奶油糖、口口糖也是9200元，牛根糖仅需6800元。每100支棒棒糖的价格是16500元，一盒3斤装水果糖卖28000元，而一小包仁丹袋糖只要520元。

当时，这糖果贵不贵呢？对比便可知。首先涉及第一套、第二套人民币的话题。1948年12月1日中国人民银行宣告成立并发行了第一套人民币，鉴于当时通货膨胀严重，人民币面额较大，有50000元、10000元、5000元、2000元、1000元等。到了1954年，物价趋于稳定，1955年3月1日新版人民币发行，老人民币以10000∶1的兑换率让位给新人民币。如此，9200元一斤的糖果相当于9角2分一斤。

新版人民币发行当天，《天津日报》记者深入基层采访。据报道，天津市百货公司张灯结彩准时开门，马上就有许多顾客到来，如一盒香烟售价新人民币3角左右，一条肥皂（两块）3角2分。另外，西南楼工人新村的市民江先生到市场采买，见合作社里的标准粉（面粉）日前是1850元一斤，当天是1角8分5厘一斤，物价稳定。报道说，当天的猪肉价格为7角6分5厘一斤，与春节前后的价格持平。

说到底，广告核心目的意在交流与推销，在明细表下，大华糖果厂再次周知顾客："邮局代购，按九八折优待。"

藕粉爱标"天津牌"

笔者得见几件旧年藕粉广告故纸、包装盒，乍看以为是天津产美味，细看实为根在河北胜芳。话说起来，西湖藕粉天下闻名，特别是妇孺老弱百吃不厌，然古镇胜芳早年河塘纵横，可谓鱼米之乡赛江南，盛产荷花与莲藕，尤以东淀为最，位列当地"三绝"之一。胜芳藕粉滑润爽口，藕香十足，属上好的滋补品，历史上曾亮相于巴拿马太平洋万国博览会。

如20世纪50年代的胜芳东兴藕粉厂包装盒，整体色调为绿色，正面画着开满荷花的池塘，池中鸳鸯戏水，标明"爱莲"商标。背面更有趣，主图描绘穿着粉红上衣、梳着大辫子的孩妈妈正抱着胖娃娃，一旁的孩爸爸穿劳动服，正端着一碗藕粉喂宝宝，画面温馨。此图下红色大字写"精致片粒淀粉"字样，左右有"洁白卫生"和"滋养丰富"广告词。看来东兴藕粉、淀粉有片状、颗粒状两种，另故纸显示信息可知，其产品分为三档，特等为纯藕粉，甲等为马铃薯淀粉含藕粉，乙等为细加工淀粉。

顺便一说，之于藕粉，品质较好的淀粉在物质匮乏年代也是退而求其次的营养稀食，家人不舒服了，调稀后用沸水冲一碗，加点白糖，趁热喝。直到70年代末我还喝过几次甜淀粉糊，那年月尚无淀粉摄入过量的概念。再就是天津特产桂花块藕粉，白纸小包，上印红色荷花图，可干嚼，滋味清甜适口。

津味藕粉畅销一时

话回东兴藕粉包装盒，其上标注的地址为"天津东马路'乐善好施'内仓廒街四十二号"，胜芳藕粉商驻庄津城信息确凿。仓廒街在哪？老官银号菜市以南文庙以北，街东口与繁华的东马路相通。该街历史久，自清代中叶在此建官仓、义仓（民间管理）而得名，初称义仓街，后来更名为仓廒街。遇灾，义仓常向百姓发放救济粮，随之官方为表彰积极捐款捐粮的乡绅，特在街东口竖起"乐善好施"牌坊，此处正是东兴藕粉厂的驻庄位置，自得东马路商业客流。

胜芳虽美，但毕竟是小地方，怎及车马杂沓、人来人往的天津码头大都市。胜芳与天津两地西东相望，一衣带水，以津城为平台售卖胜芳特产当是聪明之举。这与河北遵化一带所产的栗子素来先运销到天津，再巧借"天津栗子"盛名，以此为踏板出口东南亚等地，如出一辙。言此，直到80年代末还有迹可寻，如胜芳镇藕粉厂出品文昌阁牌真藕粉，其以绿色为主调的包装盒，与在津家喻户晓的津产藕粉的包装盒别无二致。值得一提的是，文昌阁牌藕粉在盒上大字标注的厂名为"天津西胜芳镇藕粉厂"，不难看出，"天津西"是自带光环的名号。

津味进疆

　　清末民初"赶大营"掀起第二次高潮，特别是"百艺进疆"以来，越来越多的肩挑小篓的行商游民发展成为坐商，以杨柳青人为主的天津商帮已然形成，其中便不乏制售津味吃食的大营客、买卖家。

　　在乌鲁木齐（旧称迪化）大十字街上九成是天津商号，"酒肆茶寮，鳞次栉比，其繁盛之状，尤似京华"。不仅如此，伊犁、奇台、额敏、吐鲁番、喀什（喀什噶尔）、阿克苏等地皆不乏天津饮食商户。糕点店制售京津风味点心，年糕、元宵、粽子、月饼等也应时到节上市。杨柳青素出大厨，他们在新疆各地饭店大显身手，为人们带来非比寻常的滋味享受。细说到馃子、素卷圈、切糕、炸糕、包子、糖果等天津特色，在天津人驻足之地照样不难看见。

　　早在光绪十二年（1886年）天津人就在乌鲁木齐开办了复泉涌酱园，除酱菜调料、渤海海味、南味腊肉外，他家烘焙的各样糕点质量上乘。主料油糖面，辅料鸡蛋、果脯、干果仁、芝麻、青红丝等绝不用次货，天津风味的槽子糕、萨其马、芙蓉糕、云片糕、核桃酥、蛋黄酥、蜜麻花、绿豆糕、大小八件、江米条等一应俱全。逢年节，当地久有"买复泉涌糕点，打复泉涌酱醋"的说法。后来，复泉涌还在伊犁、绥定开设了分号。乌鲁木齐的

新疆喀什噶尔城老照片

永盛西点心铺在夏季充分利用当地野生薄荷做出薄荷糕，在秋冬季又结合老天津的食品样式，用模子做出五彩砂糖人（空心），皆可谓独树一帜。

在奇台，老北门有天津李家开设的手工切面铺，其面条口感筋道耐嚼，是吃津味打卤面、炸酱面的必备。金家专卖锅贴、馅饼，俗称"金瞎猫"，馅料是"卫嘴子"配方，肉多菜少，有时还要加些许津产海味提鲜。同样如津地，讲究现包现煎现烙现卖趁热吃，老醋、蒜瓣、辣油等也会给顾客备齐。再有，来自杨柳青的郭祥起将元宵生意做到了极致。正月十五前后郭记元宵供不应求，既卖生的也卖熟的，店内支锅，现煮现卖，按个收银。他家元宵且可油炸，在当时当地算是"奇食"了。津人张老宝结合当地物产选上好西瓜子，经煮泡入五香味后炒制，吃起来余味绵长。

清末的伊犁惠远新城专为杨柳青大营客辟出

几十家商铺，并在税收上予以优惠，此地缘此也有了"小天津"的美誉。城中不仅有范氏卤肉铺、富庆祥点心庄，还有大名鼎鼎的会芳园酒楼、天福居酒楼。会芳园的老板是宫德铭，早年在天津市内名号学得好手艺，在惠远，他将煎炒烹炸烧蒸焖扣扒各样厨技展现得淋漓尽致，尤其是百多道菜的烧烤席最是名扬四方。鉴于气候干热，为让顾客吃到新鲜食品，会芳园还因地制宜自制了土冰箱（冬挖冰窖储冰，夏用），顿开食俗新风。

　　杨柳青人将烹饪手艺、各色美食带到新疆，满足了大营客的物质需求与乡恋情怀，更促进了天山南北的民生进步与社会发展。

边疆日记中的天津饭

自清光绪元年（1875年）天津杨柳青人随左宗棠大军"赶大营"以来，所开展的不仅是商贸活动，同时也将天津特色食品及烹饪技艺传播到西北各地，这一点在旧人的西行日记中也不难所见。

清末秀才温世霖祖籍天津，在家乡多兴教育，曾创办《醒俗画报》。宣统三年（1911年）农历一月因率学生请愿而被捕并被遣散新疆。二月二十三日温世霖在甘肃张掖，他在《昆仑旅行日记》中述："晚间各同乡来送行，并赠程仪、挂面、腊肉等物，直谈至二更余始散。"这里的"程仪"是路费盘缠的旧称，天津挂面素来享誉三北地区，且方便携带。津城乃沟通南北的大码头，津市的南味肉制品也被"大营客"源源不断贩运至西部。四月二十二日在奇台的温世霖受到天津同乡的热情款待，津商张君、刘君专门请他"吃家乡饺子"。

毕业于日本东京政法大学的林竞自1916年起曾三次到西北旅行，著有《蒙新甘宁考察记》等。1919年2月2日林竞在兰州，这天中午，当地实业厅的司徒君以西餐招待林竞一行。林竞日记中说："筵为西式，材料多自京津用邮政寄来，闻兰州近来此风颇盛。"在当时的天津，以起士林为代表的西餐业正蓬勃兴起，一些洋行与大食品商号里不难买到西餐食材，同时，中外商人又向西北地区贩卖，但运输、邮寄成本不低，所以西餐能在甘肃兴起也

与赶大营文化息息相关的天津杨柳青安家大院

实属新鲜、不易了。

新疆的文丰泰是赶大营第一人安文忠创下的老字号。林竞此番西行，有文丰泰的新疆经理人安锦亭及家眷同行。在途中，安氏曾以绿豆芽、鸡蛋等招待林竞。他不解在荒漠哪来的豆芽，经了解方知，杨柳青的大营客们很早就学会了在长途跋涉中适应、调剂生活，林竞记："于是好吃豆芽者，便可以自己携带绿豆。好吃鸡蛋者，便可以自己携带母鸡。"甚至连天津的鲜鱼、泡菜等也可通过特殊储存方法随人马进疆。路上，大家得知某驮夫曾在天津饭馆当过伙计，且擅长做面条，所以林竞还吃到了口味纯正的津味面。

《河西见闻记》的作者明驼于1933年夏季从兰州至敦煌，途中对商情民风做了详细调研。如9月末10月初在张掖，他看到市井兴旺，各色商品琳琅满目，其中不乏天津布匹、食品等。明驼记，天津老茂生糖每斤1元，销路很好。《益世报》特派记者陈赓雅在1934年3月至1935年5月赴西北各省采访，后印行《西北视察记》通讯集。据其记录，当时每年由天津至绥远路线，由骆驼、车辆运输进入新疆的津产商品较多，茶叶是大宗，还有渤海的海产品，海货总价为4100元。通过赶大营，天津深深影响着新疆。1942年12月李烛尘率考察团在乌鲁木齐市内观光，19日在日记中赞曰："这一带的铺面较整齐，一切陈设亦有平津洋场气味。"

后　记

　　民间素有"京油子，卫嘴子，保定府的勾腿子（擅长武术）"一说，也算趣话，这里我们单聊天津的"卫嘴子"。这得名是单纯指天津卫美食多、人们好吃讲究吃吗？莫衷一是。也许，"卫嘴子"说另有源脉，大致出自老天津码头与商埠的人文特点，大家伙都在河海船板上讨生活，在繁华市面间跑买卖，自然需要顺畅的信息沟通与和谐的公关能力。再说，天津居民八方聚来，五方杂处，若不沟通没人知道你是哪来的，会什么，想做什么，闷头闷脑备不住就没饭吃。如此，造就了不少天津人能说会道、大声大气、善于交往的脾气秉性。

　　天津人的日子挺舒心。辛苦一天了，闲下来说说话，天津人叫"搭咯搭咯、白话白话"，东北人叫"唠唠嗑"，南京人叫"韶"，总之，海阔天空，彼此轻松，或许聊着聊着一桩生意就谈成了，侃着侃着李婶与赵娘之间那点儿鸡毛蒜皮小过节儿就说开了，彼此就开心了。

　　天津人的日子挺快乐。语言表达能力强是优点，津人说话内容丰富，绘声绘色，幽默诙谐，尤其赶上两三个女人在一起的场合，真就像活生生的一台戏。百姓生活中蕴藏着强大的语言文化环境、发展潜力，所以，演艺界历来看重天津舞台，看重天津老少爷们儿，只有把本就会逗别人开心的天津人哄乐了，演员才算真正出师，才算在这曲艺之乡站住了脚。

天津人的日子挺滋润。津沽依河傍海，是北方的鱼米之乡，物产丰富。这里的富贾不差钱，宴客酬宾到"八大成""九大楼""番菜馆"等高级场所挑着花样随便吃。再说苦哥们儿也心态好，一壶高粱酒、二两素饺子照样乐在其中。所以，天津的大小饭店林立，不愁没生意，恰如俗话所说"吃尽穿绝天津卫"，所以人们吃饭讲究，不将就。

能言善唱，勤于交流，食不厌精，脍不厌细，这就是天津人文的重要内核之一。如此，我思来想去，以"卫嘴子"为话题切入点，来挖掘、讲述老天津食俗、食趣、食文化，岂不有些意趣？早在2008年，我便在报纸上开设了"卫嘴子"专栏。当时方针已定，如箭在弦上，开弓便无回头箭啊。盯专栏不是件容易事，我也必须恪守为人为文的责任与严谨，即使遇到"挤牙膏"的时候也要保证文稿质量，始终牢记要对得起喜欢我的读者。

我有些入迷了，哪怕身体不舒服喝碗粥也想着相关的内容，也经常回忆起妈妈的手艺，平日生活中常常在自家灶台上专门实践操作，一探究竟。有位朋友是大厨，我几次厚着脸皮钻到人家厨房"禁地"，比对着从书本上看到的内容，为的是下笔时多一些灵感。再比如圈中好友聚餐，他们往往调侃由我这个"卫嘴子"负责点菜，可我呢，又想到稿子，顺势来他个"按文索骥"。当吱吱作响的晉蹦鲤鱼端上桌来，我先掏出手机一通拍照后才让大家动筷子，且讲起它的故事来。还有，公园树荫下的大娘，河边晒太阳的大爷，我都采访过，深知"活字典"、老手艺等尽在其中，老人们接地气的回味总让人馋涎欲滴。

对老味道、旧习俗的兴趣越来越大，对年深岁久事的探究也一发不可收，及至接续又应邀在媒体开设了"津故老味儿""津城'吃'话""滋味语丝"等专栏，并多次在广播电台做系列节目，为读者、听众说老事。二十多年来，每天忙忙碌碌的我，时常一端起饭碗、水杯便不由自主地想起"卫嘴子"话题。晚间，一边钻进故纸堆"觅食"，一边在电脑前爬梳剔抉，钩沉旧迹，细品津味，力争为读者端出一盘盘、一碗碗有点滋味的精神食粮来，而自己身心的疲惫只有忍一忍。

著名历史学家来新夏教授生前很愿意与年轻学人交流，来先生也特别喜欢我，不仅关心我的研究与写作，闲暇时还曾为我起"雅号"，也曾送我好吃的。2010年4月20日在南开大学来老府上，我向先生汇报了系列美食书稿的编写情况，先生欣然同意将他的文章《烹调最说天津好》作为代序，并在纸稿上签名留念。如今，先生遽归道山已多年，再读此序更是缅怀。

我家千金是才女，能力出众，得知我又要出书了，悉心为我写了序，字里行间情真意切，我很感动，在这里也要对姑娘表达谢意。

这些年来常有粉丝、好友问我是否会做饭。实话实说，家常菜还算拿手，有时还能发挥出"卫嘴子"常说的"馆子味"来。我非大厨，非美食家，更非学问家，但至少我是用心的。在这并非菜谱的纸页间，到底滋味如何，各位读者您说了算。

谢谢大家！

由国庆

2023年5月1日